Python 青少年趣味编程

王 莉 著

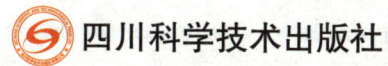
四川科学技术出版社

图书在版编目（CIP）数据

Python青少年趣味编程 / 王莉著. -- 成都 : 四川
科学技术出版社, 2025. 5. -- ISBN 978-7-5727-1762-8

Ⅰ. TP312.8-49

中国国家版本馆CIP数据核字第2025C6Q737号

Python青少年趣味编程
Python QINGSHAONIAN QUWEI BIANCHENG

著　者	王　莉
出 品 人	程佳月
责任编辑	张　姗
助理编辑	廖存燕　杨小艳
策划编辑	鄢孟君
封面设计	优盛文化
责任出版	欧晓春
出版发行	四川科学技术出版社
	成都市锦江区三色路238号　邮政编码 610023
	官方微博 http://weibo.com/sckjcbs
	官方微信公众号 sckjcbs
	传真 028-86361756
成品尺寸	170 mm×240 mm
印　张	13.25
字　数	265千
印　刷	定州启航印刷有限公司
版　次	2025年5月第1版
印　次	2025年5月第1次印刷
定　价	78.00元

ISBN 978-7-5727-1762-8

邮　购：成都市锦江区三色路238号新华之星A座25层　邮政编码：610023
电　话：028-86361770

前 言 | 学习编程，于未来领先

亲爱的小读者们和陪伴他们成长的家长、老师们：

你们好！

当我还是一个小孩子的时候，一直认为编程是一个遥不可及的东西，它好像是只属于大人的秘密。今天，我可以告诉你们，编程并不只属于大人，而是我们生活中的一部分。

编程为我们创造了无数神奇的东西，比如大家用的手机和电脑上的各种软件、我国的天宫一号目标飞行器，以及在月球上进行探测的月球车，它们的很多功能都需要通过编程来实现。我决定与你们一起探索这个美妙的魔法世界。

这本书是为 7 ～ 12 岁的小朋友设计的，它将带领小朋友学习并运用 Python 语言。你可能会问：编程语言有很多，为什么选择 Python ？答案很简单，因为 Python 就像编程魔法世界中的通用咒语，它简单、易懂，又无比强大。

在这本书里，我用趣味的方式，将编程的知识融入一个个魔法故事中。在学习这本书的过程中，你将与数字、文字和图形进行互动，学会命令电脑完成各种任务。通过每一章节的学习和实践，你不仅能掌握编程的技巧，还会拥有发现问题、解决问题的能力，并提升你的逻辑思维能力和创造力。

家长和老师们，你们可能觉得编程太难了，担心超出孩子的理解范围，其实编程并不是大家想的那样高深莫测。正如孩子可以很快学会使用手机和平板电脑一样，他们同样可以轻松地掌握编程技能。还有一点非常重要，那就是学习编程对于培养孩子的逻辑思维能力、创造力以及发现和解决问题的能力，有着非常大的帮助。

在编写这本书的过程中，我时常回想起我第一次编写代码和看到程序运行时的那种激动与自豪。我希望每一个阅读这本书的孩子，都能发现编程的乐趣，体验到那种喜悦，并在这个过程中不断地提高自己。

最后，小朋友，我希望这本书能够作为你学习编程的第一步，为你打开一个全新的、充满无限可能的世界。无论你的梦想是成为一名程序员、科学家、艺术家还是作家，编程都会是你实现梦想的强大法宝。

现在，请打开书籍，和我一起踏入编程的魔法世界，学习 Python 咒语，开启我们的冒险吧！

王　莉

2024 年 9 月

目 录 | CONTENTS

1

Python 是什么?

1.1 编程是魔法的语言

你知道什么是编程吗？如果你不知道也没有关系，因为你肯定知道手机、电脑、计算器，以及其他电子设备。

这些你每天都在使用的神奇小玩意儿都隐藏着一个秘密——它们都是由程序控制的。

就像每一种魔法都需要专门的咒语来施展一样，每一种电子设备的运行也都需要一种特殊的语言，我们用这种语言来告诉它做什么、怎么做。这种语言就是编程语言。

请你想象一下，手机可以播放音乐、查看天气、发消息给朋友……这一切都是因为有人使用编程语言为手机编写了一个又一个指令，让手机知道如何完成这些任务。这就好比我们给手机施加了一句又一句魔法咒语，让手机可以拥有播放音乐、发送消息等功能。

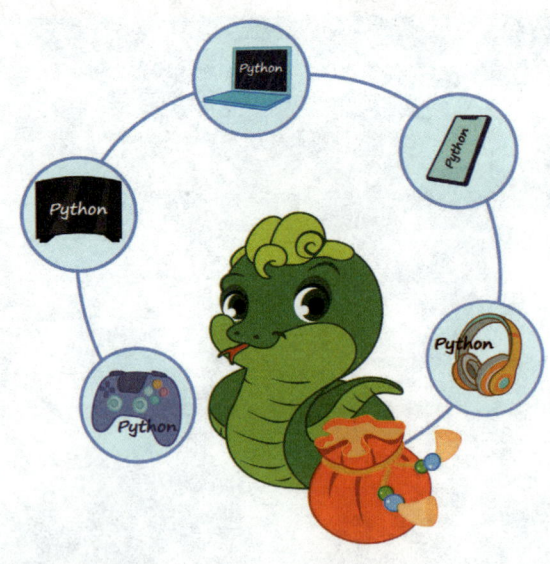

那么，编程语言有多少种呢？

人类有多种不同的语言，比如汉语、法语、英语等，编程世界里也有多种不同的语言。

在所有编程语言中，Python 是一种流行的，并且学习起来非常简单的编程语言，它就像魔法世界中的初级咒语，既简单又实用。

你可能会问："我为什么要学编程呢？"

想象一下，如果你是一名魔法师，你不仅可以观赏别人施展的魔法，还可以自己创造出全新的、别具一格的魔法，这种感觉是不是很棒呢？同理，学会编程不仅可以让你理解电子设备是怎样工作的，还可以让你亲自控制这些设备。比如，你可以设计自己的软件，让该软件帮你完成各种各样的任务。这一切只需要你掌握 Python 就可以做到。

又比如，你玩"贪吃蛇"（一个游戏）通关了，这个时候你可以自己编程，编写出新的贪吃蛇游戏关卡，这时你是不是会产生巨大的成就感呢？编程不仅仅是一门技能，更是一种能力，一种可以将想象的东西变为现实的能力，这是多么强大的能力！

看到这里，有的小朋友可能会心里打退堂鼓："这么厉害的东西一定很难学会。""这肯定只有长大后才可以学会。"

不用担心，不要害怕！编程并不像你想象的那样难。只要你学会了使用手机或电脑，你就可以学会编程。

事实上，编程就像玩一个解谜游戏，每当你解决一个问题或完成一个任务时，你都会得到满足感和成就感。

只要你认真地、耐心地学习这本书，你将逐渐掌握 Python 这种魔法语言。

你会学习到如何让电脑为你做各种事情，比如创造小游戏，甚至设计自己的魔法工具。在这个过程中，你不仅会成为一名真正的编程魔法师，还会学到很多与生活息息相关的知识和技能。

亲爱的小朋友，准备好踏上这一段探索编程魔法世界的旅程了吗？让我们一起开始这段奇妙的冒险，打开魔法世界的大门，看看里面都藏

着些什么吧！

1.2　我们可以用 Python 做些什么？

你还记得那些令人着迷的魔法故事吗？每一个厉害的魔法师都会非常厉害的魔法咒语，只要轻挥魔杖并念出咒语，就能完成各种奇妙的事情。

现在，想象一下，如果我告诉你，这本书就是魔法咒语大全，只要学会使用它们，你就可以创造属于自己的魔法世界，你会不会想立刻把它们装进脑子里呢？

这本魔法咒语大全就是 Python。

Python 是一个单词，它的意思是"蟒蛇"。不过不用怕，这只是一个名字而已，并不是真的蟒蛇，当然也不会咬我们。

Python 其实是一种编程语言。我们要和电脑"说话"，需要使用一种特殊的语言，只有这样，电脑才能"听"懂我们要表达的意思。

编程语言就是我们与电脑"交谈"时使用的语言。我们用 Python 与电脑"说话"，电脑就会"听"懂我们的意思，并做出我们期望的动作。

编程语言有那么多，我们为什么要从 Python 学起呢？答案很简单，因为 Python 有很多优点。

第一个优点：简单易懂。Python 语言跟我们平常使用的语言很相似。哪怕你是第一次学习编程，你也会觉得 Python 就像你的好朋友，很容易"相处"。

第二个优点：功能强大。想画图？ Python 可以。想创作游戏？ Python 也行。甚至想做个小机器人或自己的计算器？没问题，Python 帮你搞定！

现在我来举几个例子，让 Python 小小展示一把，比如我们可以让 Python 帮我们解决数学问题（如图 1-1 所示）。

```
print(5 - 3)
```
2

```
print(4 + 2)
```
6

```
print(9 / 3)
```
3.0

```
print(3 * 4)
```
12

图 1-1　Python 的计算能力

Python 除有强大的计算能力之外,它画图还画得特别好,我们可以让它简单地画几个圆(如图 1-2、图 1-3 所示)。

```
import turtle
hyc = turtle.Pen()
hyc.circle(99)
hyc.left(120)
hyc.circle(99)
hyc.left(120)
hyc.circle(99)
```

图 1-2　Python 画圆的代码

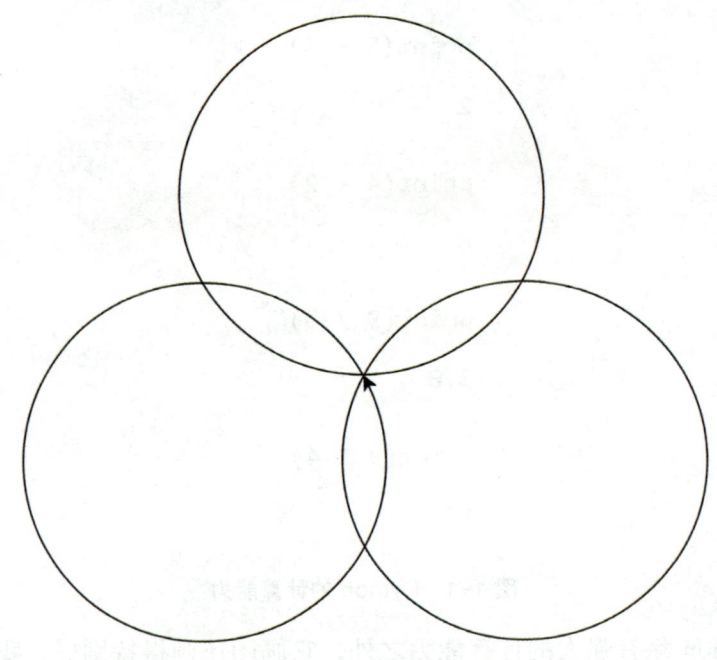

图 1-3　Python 画的圆

　　学会 Python 就像掌握了一种魔法，每次你编写代码，都像念出一句魔法咒语，让电脑为你完成各种神奇的任务。接下来，让我们一起踏上这段神奇的冒险旅程，学习各种魔法咒语。

1.3　兵马未动，粮草先行

　　小朋友，我们先学习一个成语——兵马未动，粮草先行。这个成语的意思是，在出兵之前要先准备粮食和草料，比喻在做某件事情之前，提前做好准备工作。

就像我们上学学习知识前要有课本一样,我们学习 Python,需要先下载并安装 Python 的相关软件——Python 和 Anaconda,它们都是可以免费下载安装的。

在下载之前,我们先来学习几个单词,只要知道了这几个单词的意思,下载和安装就会非常简单。

Downloads:下载,因为 Python 的下载网站是英文网站,所以我们一定得知道"下载"这个词对应的英文单词。

Install:安装,Python 软件下载好后,在安装时会看到这个单词。

Cancel:取消,这个单词我们在用电脑时经常会遇到。

怎么样,小朋友,没想到我们学习 Python 时还能顺带学习几个英文单词吧,是不是觉得很神奇?

知道了这几个单词的意思之后,我们就可以开始下载和安装 Python 的相关软件了。

1.3.1　Python 软件的下载和安装

第一步,我们把电脑的浏览器打开,然后在搜索框里面输入"https://www.python.org",接着点击键盘上的回车键,浏览器中就会出现 Python 的官方网站(如图 1-4 所示)。

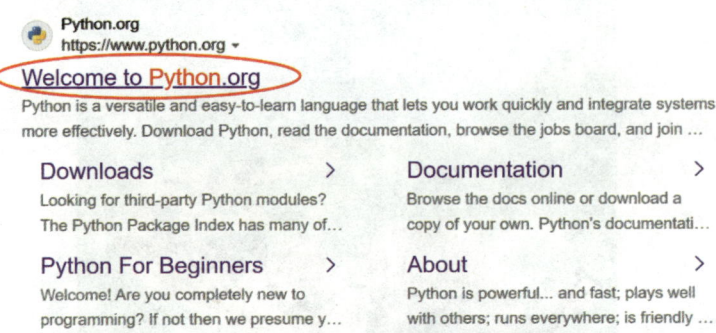

图 1-4　在浏览器中搜索 Python

　　第二步，点击图 1-4 中红色圆圈圈中的地方，进入 Python 的官方网站（如图 1-5 所示）。

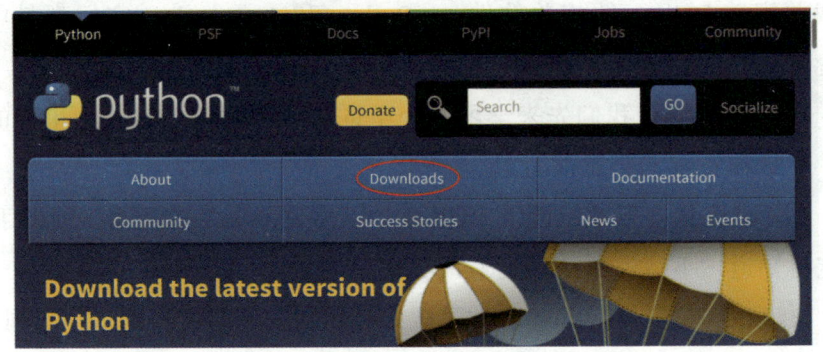

图 1-5　Python 官方网站

　　第三步，仔细观察刚才打开的 Python 官方网站，在里面找一找，看看有没有我们刚学的单词。相信聪明的你已经看到了"Downloads"。用鼠标单击这个单词，就会出现如图 1-6 所示的画面。

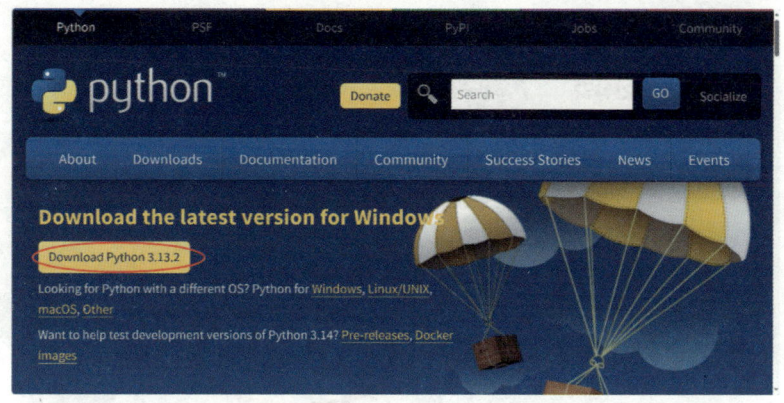

图 1-6　Python 官方网站的下载链接

第四步，接着点击图 1-6 中红色圆圈圈中的地方，开始下载。等下载结束后，我们便可安装[①]。打开浏览器的下载列表，将刚下载的文件打开（如图 1-7 所示）。

图 1-7　打开下载好的软件

如果你的电脑安装的操作系统是 Windows 10，那么在安装软件的时候会出现如图 1-8 所示的提示，这时我们点击"运行（R）"。

---

① 文件版本不同，但安装流程与运行效果相同，本书以 Python 3.11.5 为例进行讲解。

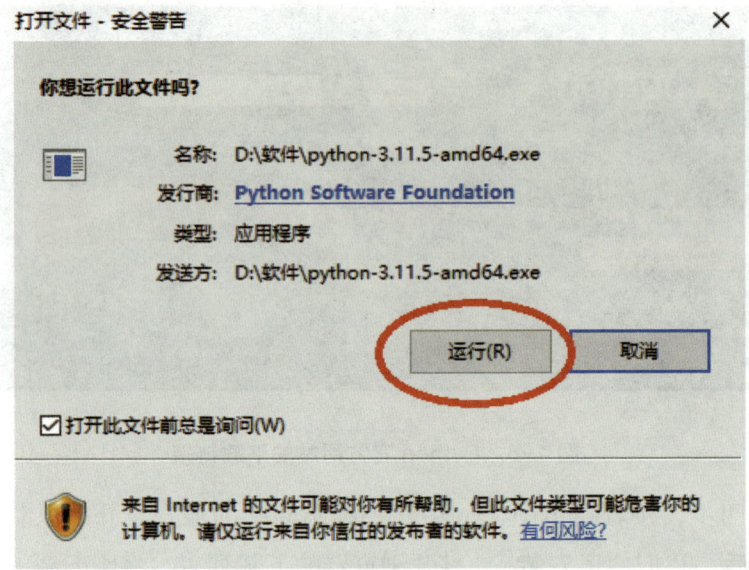

图 1-8　安装软件的系统提示

　　第五步，在点击"运行（R）"之后，电脑上会出现一个全英文界面，这时我们可以在界面上发现单词"Install"。先把下边的小方框都选中，然后点击"Install Now"（如图 1-9 所示）。

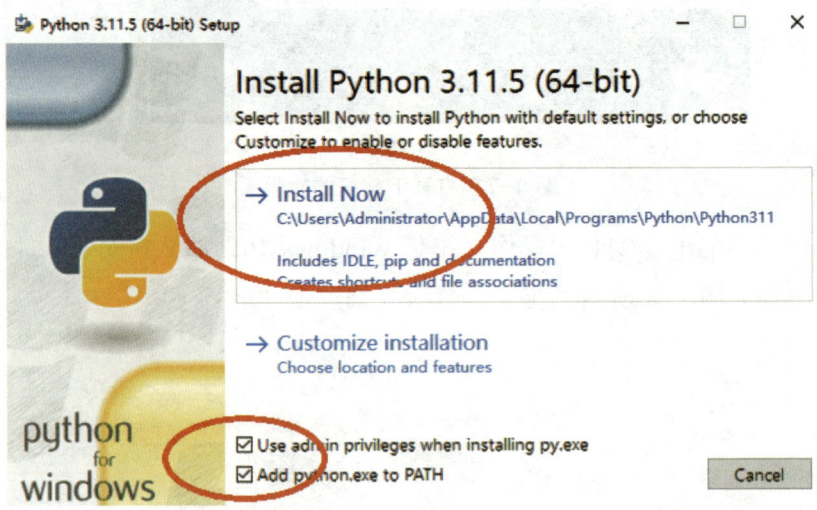

图 1-9　安装软件的界面

安装完成后会出现"Setup was successful",表示安装成功,接下来点击界面右下角的"Close"(关闭)就可以了(如图 1-10 所示)。

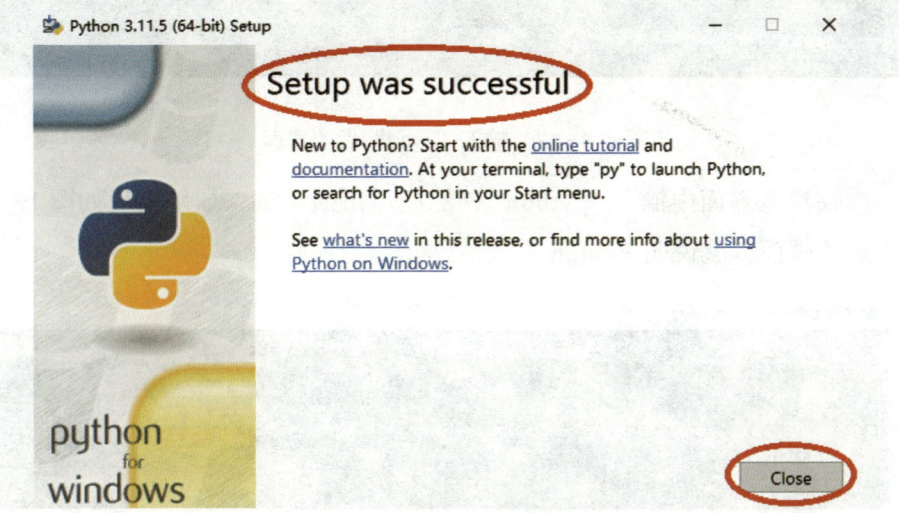

图 1-10　Python 软件安装完成

在安装完成以后,我们还得判断一下是不是安装成功了。怎么判断呢?我们接着进行第六步。

第六步,我们用鼠标点击电脑屏幕左下角的放大镜图案(如图 1-11 所示)。

图 1-11　在电脑的左下角找到放大镜图案

在出现的搜索框中,我们输入"cmd",然后点击回车键,这个时候会出现一个黑色的界面(如图 1-12 所示)。

图 1-12　输入 "cmd" 后的界面

在黑色界面中输入 "python"，然后点击回车键，如果出现如图 1-13 所示的画面，就说明 Python 安装成功了。

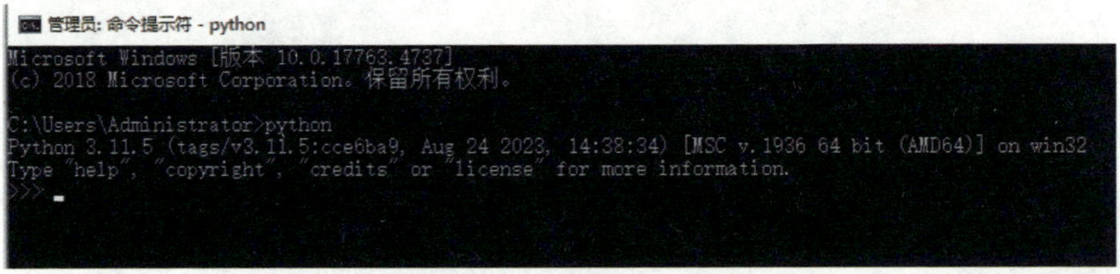

图 1-13　Python 软件安装成功界面

1.3.2　Anaconda 软件的下载和安装

我们刚才下载并安装了 Python，接下来需要下载并安装 Anaconda 这个软件。

第一步，打开电脑的浏览器，在地址栏中输入 https：//www.anaconda.com，即可进入它的官方网站（如图 1-14 所示）。

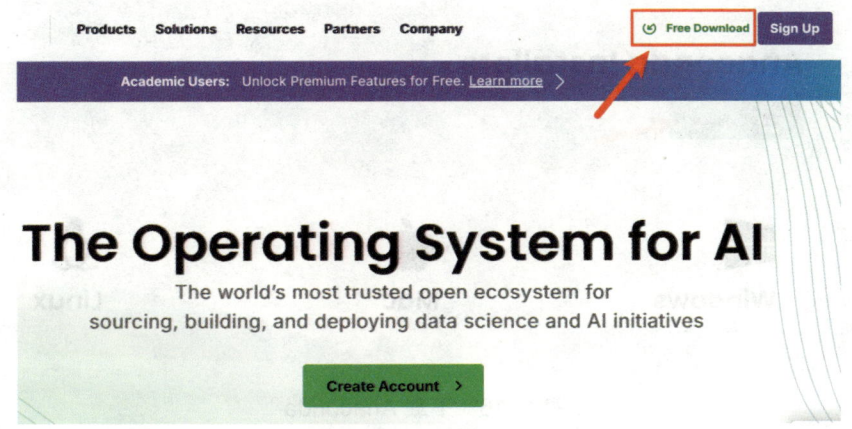

图 1-14　Anaconda 官网

点击页面右上角的 "Free Download"（免费下载），页面会跳转到注册页（如图 1-15 所示）。

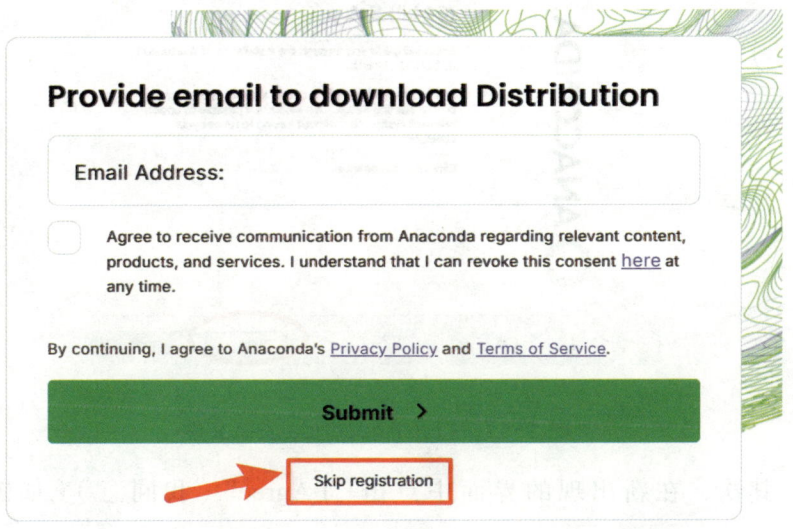

图 1-15　注册页面

点击 "Skip registration"（跳过注册），跳过注册这一步。完成后将会跳转到下载页（如图 1-16 所示）。点击页面上的 "Download"，等待下载完成。

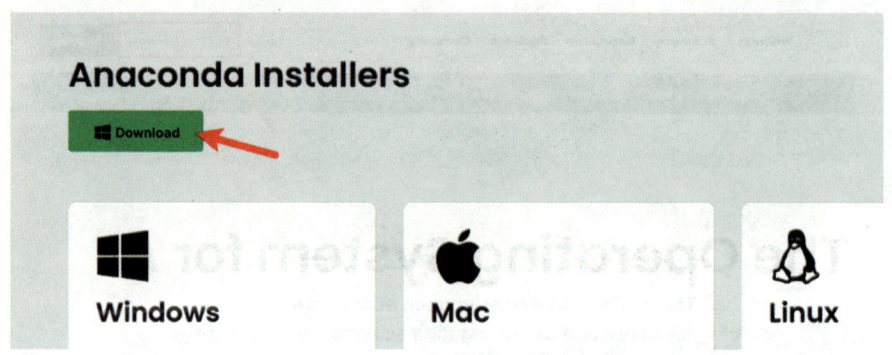

图 1-16　下载 Anaconda

第二步，文件下载完成后，我们便可安装[①]。打开这个文件，首先，点击 "Next"（下一步）（如图 1-17 所示）。

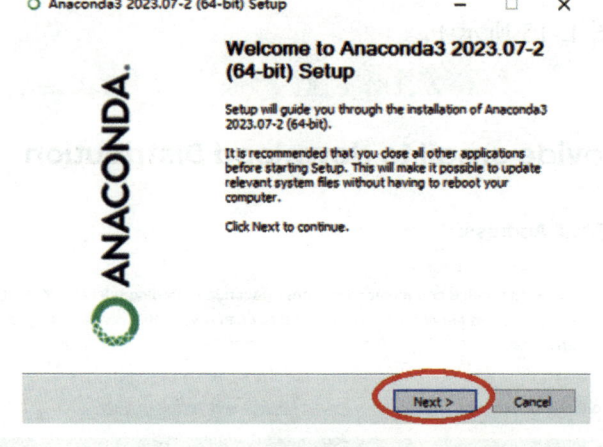

图 1-17　打开 Anaconda 安装文件

其次，在新出现的界面中点击 "I Agree"（我同意）（如图 1-18 所示）。

[①] 文件版本不同，但安装流程与运行效果相同。本书以 Anaconda 2023.07-2 为例进行讲解。

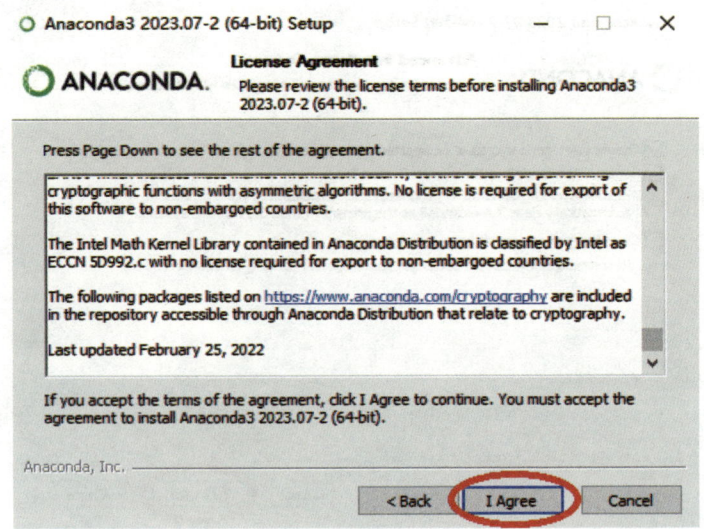

图 1-18　点击 "I Agree"

再次，在新出现的界面中点击 "Next"（如图 1-19 所示）。

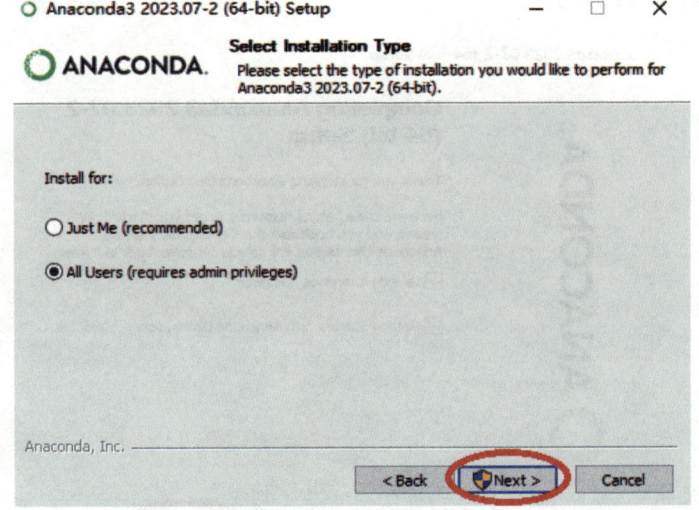

图 1-19　点击 "Next"

接着，在新出现的界面中点击 "Install"，等待软件安装完成（如图 1-20 所示）。

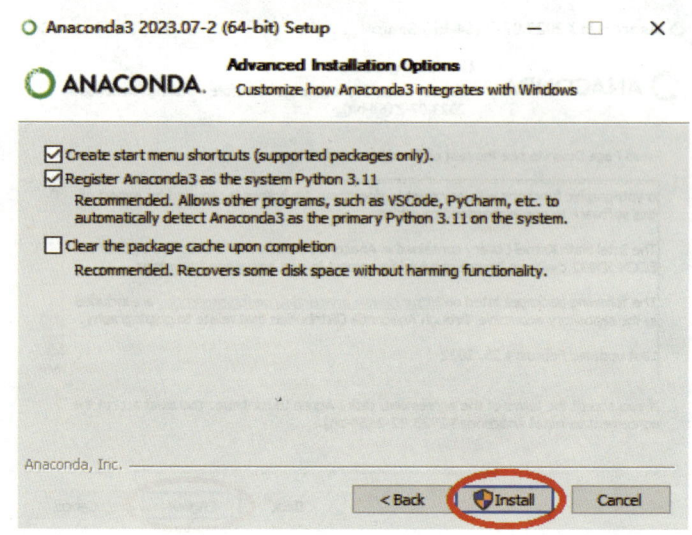

图 1-20　点击"Install"

最后，点击新界面中的"Next"，再点击其后界面上的"Finish"（完成）（如图 1-21 所示）。

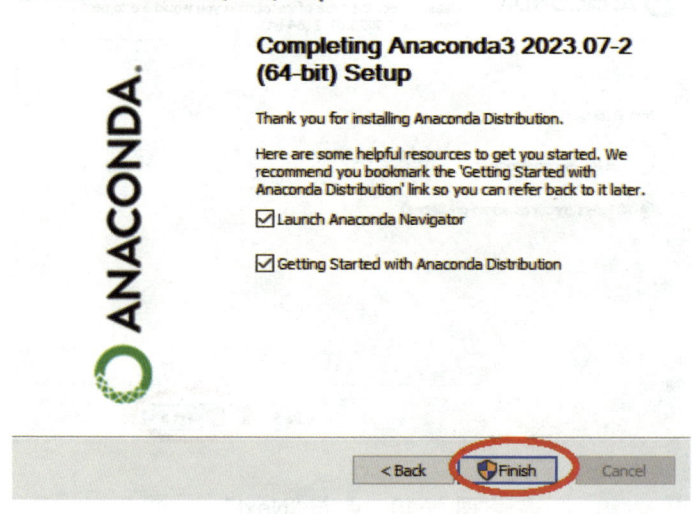

图 1-21　Anaconda 安装完成

第三步，点击"Finish"之后，电脑会自动启动 Anaconda 这个软件。

下一次想启动软件的时候，可以点击电脑屏幕左下角的放大镜图案，在输入框中输入"anaconda"或"Anaconda"，点击 Anaconda 的图标，就可以打开这个软件（如图 1-22 所示）。

图 1-22　Anaconda 启动方式

第四步，Anaconda 软件启动之后，我们在它的界面中，找到名为"JupyterLab"的工具，点击"Launch"（启动）（如图 1-23 所示）。

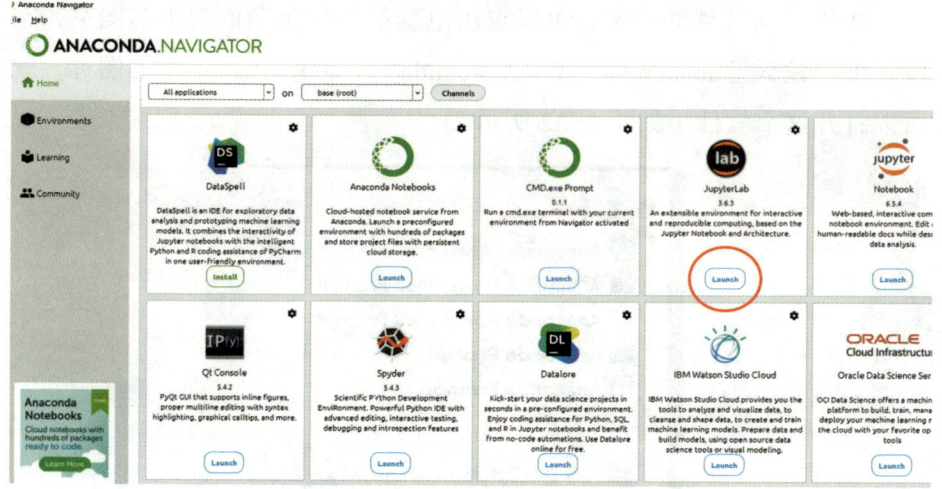

图 1-23　Anaconda 启动后界面

　　点击图 1-23 中红色圆圈中的"Launch"，就会出现一个新的界面，我们之后的学习和练习都会在这个界面中进行（如图 1-24 所示）。

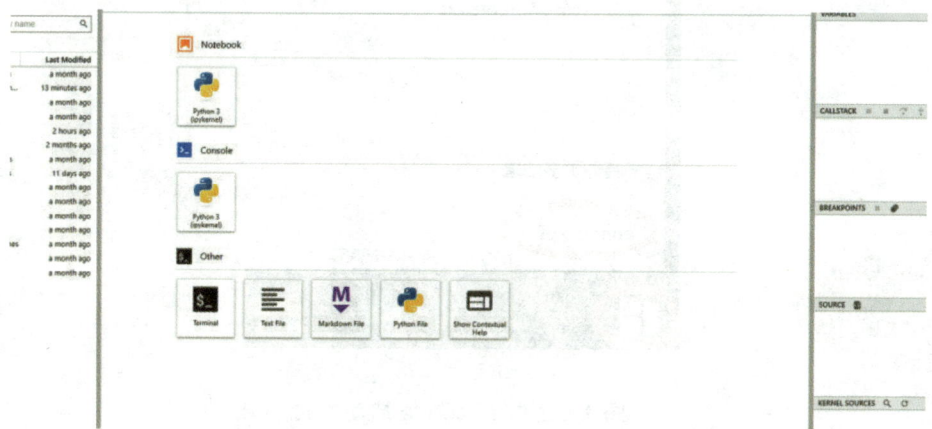

图 1-24　JupyterLab 打开后的界面

　　第五步，把鼠标放到界面左下角空白处，点击鼠标右键，选择"New Notebook"（新工作簿），这样就建立了一个新的文档（如图 1-25 所示）。

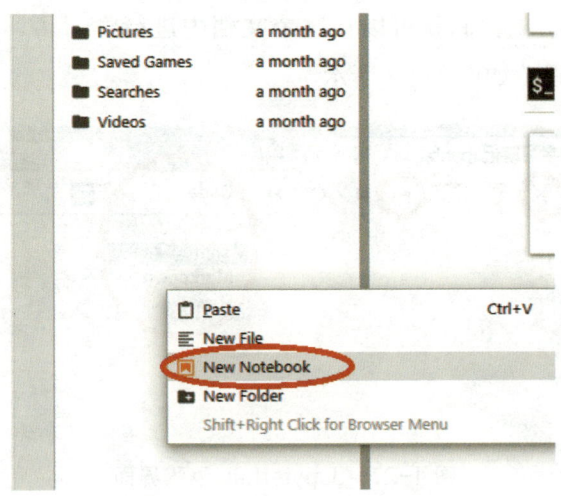

图 1-25　JupyterLab 新建文档

建立新的文档之后，我们可以给这个文档起一个名字，比如"小明的学习笔记"。改文档名字的方法很简单，只要选中这个文档，点击鼠标右键，选择"Rename"（重命名）就可以改名字（如图 1-26 所示）。

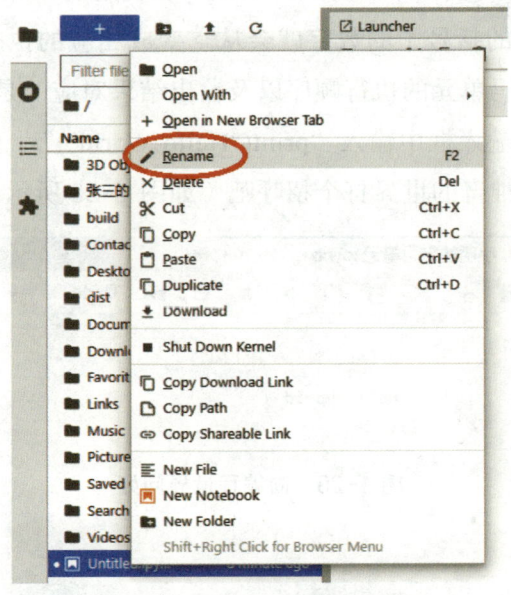

图 1-26　JupyterLab 新建文档重命名

改好名字后，我们就可以在这个文档中进行学习了。我们可以在输入框里输入代码（如图 1-27 所示）。

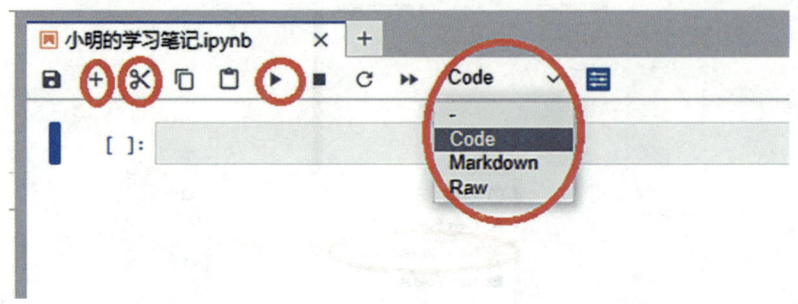

图 1-27　JupyterLab 编程界面

图 1-27 中红色圆圈圈中的"+"代表增加一个输入框，"✂"代表删掉输入框，"▶"表示运行，最右边的"Code"（代码）用来更改代码的格式，可以把它设置为 Markdown，也就是文本格式，也就是说这个输入框中既可以输入代码，也可以输入文本，非常方便。代码左侧的"[ ]："代表的是该代码单元的执行次数。也就是说，每当你运行一个代码单元后，左侧的括号中的数字就会从空变成相应的执行序号，它能够帮助我们了解代码单元的执行顺序以及输出结果对应的是哪一次运行。

现在我们在输入框中输入"print("Hello World")"，然后点击运行按钮，跟编程这个神奇的世界打个招呼吧（如图 1-28 所示）！

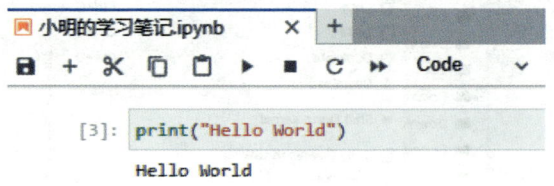

图 1-28　向编程世界问好

2

魔法大楼的地基
——基础知识

2.1 变化如水，不动如山：变量与常量

2.1.1 变量

在学习编程的过程中，有一个非常重要的注意事项，那就是在输入代码的时候，要用英文状态下的符号。比如常见的逗号、句号、引号等，都要用英文输入法输入，如果使用了中文符号，程序在运行的时候就会出错。

你还记不记得《西游记》里孙悟空大战二郎神的故事？这两个人神通广大，孙悟空可以变成小鸟，可以变成石头，还可以变成一座庙，会七十二变的孙悟空非常厉害。

在 Python 里，也有一个和孙悟空一样可以"七十二变"的东西，它就是变量（variable）。变量这个词也非常容易理解，即可以变化的一个量。

你也可以把名字看作一个变量。比如我叫小明，那么你喊我一声"小明"，我就会回答"到"，"小明"就是变量，你可以通过"小明"找到我，同理，你可以通过变量找到变量代表的东西。

如果你还不理解变量是什么，那么我相信通过下面这个小故事，你就明白变量的意思了。

　　小明打算在接下来的三天里，每天记几个单词。第一天小明充满干劲，一整天都在认真地背诵单词，第一天结束后小明一共记住了 20 个单词。第二天，小明有点偷懒，早上赖床不起，都快中午了才起床，只学习了一个下午，第二天一共记住了 12 个单词。第三天，小明刚学习没多久，他的小伙伴就来他家喊他出去玩，所以小明第三天只记住了 5 个单词。

　　在这三天里，小明每天背诵的单词数量都是不一样的，也就是存在着变化，小明每天背诵单词的数量就是一个变量，小明背诵的单词总数量也是一个变量。

　　在编程里，变量的运用方式是"变量名 = 变量值"，变量名是不变的，但是它代表的变量值是可以变化的。变量名需要我们来定，一般用小写的英文字母表示，比如 a、ac、hn 等都是可以的。假如我们需要知道小明背诵的单词总数量，那么我们可以把"天数"这个变量命名为 ts，"小明背诵的单词总数量"这个变量命名为 n，编程的思路就是下面这样的。

　　第一步：第一天结束，ts = "学习了 1 天"，n = 20。

　　第二步：第二天结束，ts = "学习了 2 天"，n = 20 + 12。

　　第三步：第三天结束，ts = "学习了 3 天"，n = 20 + 12 + 5。

　　第四步：输出变量 ts 和 n。

　　有了编程思路后，我们就可以尝试进行编程了，代码如下所示。

```
ts = "学习了 1 天"
n = 20
ts = "学习了 2 天"
n = n + 12
ts = "学习了 3 天"
n = n + 5
print(ts,n)
```

　　仔细观察这段代码，你会发现代码里面的"="和"+"的左右两边都有空格，这样做主要是为了美观，不然代码会很紧凑，让人感到不适，所以我们要从一开始就养成留空的好习惯。

这段代码里面的 ts 和 n 都是变量名，而"="就是赋值的意思，如果赋的值只是单纯的数字，就不用加英文的引号，如果不是纯数字，则需要加上引号。

我们来按照顺序看一下这几行代码：

n = 20

n = n + 12

n = n + 5

第一行的"n = 20"比较好理解，就是让变量 n 的取值等于 20。而当程序执行到第二行"n = n + 12"时，如果按照数学等式的意思来理解，两边的 n 一抵消，岂不是变成了"0 = 12"这个莫名其妙的等式吗？

其实，这是计算机与纯数学运算的一个不同之处。等号"="在编程中是一个运算符号，它的意思是"将等号右侧的运算结果传递给左侧"。在这里，"n = n + 12"的意思就是"将 n+12 的结果传递给左侧的变量 n"。原本 n 的值是 20，那么 n+12 就是 20+12=32。将这个结果再传递给 n，n 就变成了 32。

到了"n = n + 5"时，右侧 n 的取值已经变为了 32，32 再加上 5，最终 n 的取值就变为了 37。这就是变量不断变化的真相。

在这段代码中，还有一个非常重要的知识点，那就是"print()"。print 这个单词是打印的意思，不过这个打印并不是打印在纸上，而是"打印"到屏幕上，你也可以把它理解成"输出"，"print()"的括号里面就是要输出的内容。

现在尝试打开 Anaconda 中的 JupyterLab，然后我们把这段代码输入代码框中，并点击运行，看看执行结果是否如图 2-1 所示。

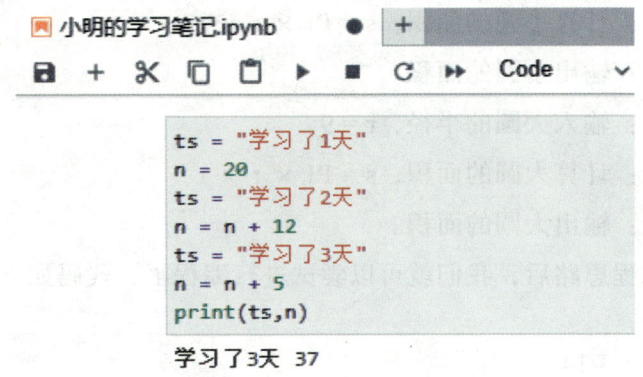

学习了3天　37

图 2-1　代码运行示例

2.1.2　常量

学习完变量之后，我们知道了变量就是可以变化的量，变量的命名要用小写的英文字母。有的小朋友可能会联想到，既然有可以变化的量，那应该也有不会变化的量。

没错，确实有不会变化的量。在编程的世界里，不会变化的量或者说不可以变化的量叫作常量（constant）。常量的命名一般用大写的英文字母表示。

比如小明想计算两个不同大小的圆的面积。圆的面积计算公式是"圆的面积 = 圆周率 × 半径 × 半径"，小明用尺子量了两个圆的半径，小圆的半径为 6，大圆的半径为 9。

面积计算公式里的半径是一个变量，但是圆周率永远不会变化，那么圆周率就是一个常量。

我们把圆周率这个常量命名为 PI，把圆的半径这个变量命名为 r，圆的面积命名为 s，接下来写一个计算圆的面积的代码，编程的思路是下面这样的。

第一步：定义圆周率这个常量，PI = 3.14。

第二步：输入小圆的半径，r = 6。

第三步：计算小圆的面积，s = PI × r × r。

第四步：输出小圆的面积。

第五步：输入大圆的半径，r = 9。

第六步：计算大圆的面积，s = PI × r × r。

第七步：输出大圆的面积。

有了编程思路后，我们就可以尝试进行编程了，代码如下所示。

```
PI = 3.14
r = 6
s = PI * r * r
print(s)
r = 9
s = PI * r * r
print(s)
```

现在打开 Anaconda 中的 JupyterLab，把这段代码输入代码框中，并点击运行，看看执行结果是否如图 2-2 所示。

```
PI = 3.14
r = 6
s = PI * r * r
print(s)
r = 9
s = PI * r * r
print(s)
113.03999999999999
254.34
```

图 2-2　圆面积计算代码的运行结果

2.1.3　注意事项

关于变量和常量的命名有一些注意事项。

（1）变量的命名一般用小写的英文字母，常量的命名一般用大写的英文字母。

（2）变量和常量的命名也可以包含数字、下划线，甚至是汉字，但是不能有空格和标点符号，另外需要注意的是，数字不能作为名字的开头。比如，变量的名字可以是 ab12，但不能是 12ab，这点一定要注意。

（3）系统关键字不能用作变量和常量名。比如 print 就是系统关键字，那么 print 就不能作为变量的名字。系统关键字还包括 and、as、assert、break、class、continue、def、del、elif、else、except、False、finally、for、from、global、if、import、in、is、lambda、None、nonlocal、not、or、pass、raise、return、True、try、while 和 with 等，这些单词都不能作为变量的名字。

小技巧：当你给变量命名时，如果发现你写的变量名是绿色的，这就说明其不能作为变量名。

（4）在 Python 中，变量的名字是区分英文大小写的。比如，变量 r 和变量 R，这是两个不同的变量。

（5）当变量名有问题时，运行程序就会报错。如果运行程序后出现 "SyntaxError: invalid syntax"，这就说明变量名有问题（如图 2-3 所示）。

```
PI = 3.14
r = 6
and = PI * r * r
print(and)
r = 9
and = PI * r * r
print(and)
```

```
Cell In[7], line 3
    and = PI * r * r
        ^
SyntaxError: invalid syntax
```

图 2-3 运行程序报错示例

2.1.4 练一练

下面有 10 个程序，请你试着写出程序的运行结果，在解答结束后把代码输入 JupyterLab 运行，看看自己是不是填对了。每一道题 10 分，满分 100 分，看看你能拿多少分吧！

（1）

```
a = 3
a = 5
a = 8
print (a)
```

（2）

```
a = 3
a = a + 2
print (a)
```

（3）

```
a = 5
a = 6 − 2
a = a + 1
print (a)
```

（4）

```
a = 2
b = 3
c = a + b
print (c)
```

（5）

```
a = 2
b = 3
print (a+b)
```

（6）

```
a = 2
b = 5
c = 8
print (a,b,c)
```

（7）

```
a = 2
b = 3
c = a * b
print (c)
```

（8）

```
a = 9
b = 3
c = a / b
print (c)
```

（9）

```
a = 4
b = 3
print (a * b)
```

（10）

```
a = 15
b = 5
print (a / b)
```

2.2 数学小天才：运算符

2.2.1 数字的四大类型

许多小朋友都希望自己是数学天才，但小朋友们对数学知识掌握和运用的熟练度是不同的。

　　学好数学是非常有必要的，而与数学关系最密切的非数字莫属。在编程的世界里，有很多种数据类型，比如字符串、数字、列表、元组、字典、集合等，其中最基础的数据类型就是数字。

　　我们先来学习下数字的类型。在 Python 中，数字一共分为四种类型，分别是整型、浮点型、复数型和布尔型。

　　整型：整型就是整数，在编程中对应英文单词 int，比如 1，2，3，-1，-2 等，正负整数都属于整型。

　　浮点型：浮点型也就是带小数点的数字，在编程中对应英文单词 float，比如 3.14，1.5，0.666 等。

　　复数型：复数即数学中的复数，在编程中对应英文单词 complex，复数得上了高中才会学习到。

　　布尔型：表示真和假、对与错，在编程中对应英文单词 bool，真值用 True 或者数字 1 表示，假值用 False 或者数字 0 表示。

　　Python 可以进行数字之间的各种运算，比如加法、减法、乘法和除法。

　　需要注意的是，编程世界里的运算符号，和我们平常用的符号有一定的区别，编程中运用的运算符号如表 2-1 所示。

表 2-1　编程运算符号表

运算名称	对应符号	运算名称	对应符号
加法	+	取整	//
减法	-	取余	%
乘法	*	幂运算（次方）	**
除法	/	小括号	()

相信你肯定知道加、减、乘、除这四种运算，接下来主要介绍一下其他几种运算。

（1）取整：取整是指两个数字相除之后只要商的整数部分，比如 7 除以 3，运算结果是商 2，余 1，取整即只要 2 不要余数，也就是 7 // 3 等于 2。

（2）取余：取余是指两个数字相除之后只要余数部分，比如 7 除以 3，运算结果是商 2，余 1，取余指的是只要余数 1，也就 7 % 3 等于 1。

（3）幂运算：幂运算是指一个数的多少次方，比如 3 ** 2 指的是 3 的 2 次方，也就是 3×3；5 ** 4 指的是 5 的 4 次方，也就是 5×5×5×5。

知道了这些运算对应的含义之后，看看下面的小故事，试着运用刚学到的知识帮小明解决问题吧！

小明的妈妈一共买了 16 个苹果，家里一共 4 个人。小明的妈妈想把这些苹果平均分给大家，请你帮小明算一算每个人可以分到几个苹果。

我们可以用编程解决这个问题。我们知道，这里需要用到除法，编程的思路是这样的。

第一步：把总苹果数命名为 zong，zong = 16。

第二步：把人数命名为 ren，ren = 4。

第三步：把平均数命名为 m，平均数 = 总苹果数 / 人数。

第四步：输出平均数。

有了编程思路后，我们就可以尝试进行编程了，代码如下所示。

```
zong = 16
ren = 4
m = zong / ren
print(m)
```

现在打开 Anaconda 中的 JupyterLab，把这段代码输入代码框中，并点击运行，看看执行结果是否如图 2-4 所示。

```
zong = 16
ren = 4
m = zong / ren
print(m)
```

4.0

图 2-4　分苹果代码运行结果

2.2.2　整型和浮点型之间的转换

我们仔细观察图 2-4 中的结果，会发现最后得到的结果是 4.0，这是一个浮点型数字。那么有没有办法，让最后的结果是整型呢？

方法非常简单，我们知道整型对应的单词是 int，我们只需要使用 int() 这个函数，就可以把数字转换成整型了。现在我们就来试一试（如图 2-5 所示）。

```
zong = 16
ren = 4
m = zong / ren
m = int(m)
print(m)
```

4

图 2-5　int() 函数运用

有的时候，整型和浮点型的转换非常重要，否则就有可能得到错误的计算结果。

比如，我们知道数字 1 减去数字 0.9，最后得到的结果应该是 0.1，但是使用编程来计算，最后的结果并不是这样的（如图 2-6 所示）。

```
print(1 - 0.9)
```

0.09999999999999998

图 2-6 数字 1 减 0.9 的运行结果

看完图 2-6 之后，是不是觉得整型和浮点型之间的转换非常有必要？

我们知道 int() 这个函数可以把括号里面的数字转换成整型。如果想把整型变成浮点型，则可以使用函数 float()，这个函数可以把括号里面的数字转换成浮点型。

需要注意的是，在把数字转换成整型时，并不是四舍五入，而是只有舍没有入，现在你可以尝试着把 2.3，2.9，0.4，0.7 这几个浮点数转换成整型，这样就可以知道 int() 的使用效果了（如图 2-7 所示）。

```
int(2.3)
```

2

```
int(2.9)
```

2

```
int(0.4)
```

0

```
int(0.7)
```

0

图 2-7 浮点型转整型

2.2.3 布尔型

布尔型分为两种：一种是真，用 True 或数字 1 表示；另一种是假，用 False 或数字 0 表示。

判断某个数据的布尔值，也就是判断这个数据的真假，用函数 bool() 判断。使用函数 bool() 之后，程序会判断括号里面的数据的真假，如果是真，就输出 True；如果是假，就输出 False。

接下来，我们尝试判断一下数字 0，1，5，100，23 的布尔值（如图 2-8 所示）。

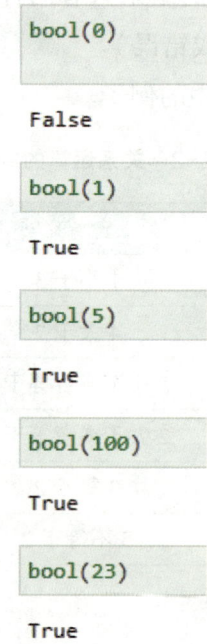

图 2-8 数字的布尔值

细心的你可能发现了，这么多的数字里面只有数字 0 的布尔值是 False，其他数字的布尔值都是 True。你可以再选择一些数字，看能不能找到布尔值是 False 的数字。

2.2.4　关系运算符

我们上面学的加法、乘法等符号，都属于算术运算符。除算术运算符之外，还有关系运算符。

关系运算符分为两种，一种是用于比较大小的关系运算符，另一种是比较相等性的关系运算符。

比较大小的关系运算符有四种，分别是 >（大于）、>=（大于或者等于）、<（小于）、<=（小于或者等于）。

比较相等性的关系运算符有两种，分别是 ==（等于）、!=（不等于）。

关系运算后布尔值输出的结果只有两种：True 和 False，分别表示真和假（也可以理解为正确或错误）。

我们可以直接看表 2-2 中的例子。

表 2-2　关系运算的例子

符号示例	含　义	运算后的布尔值
1 < 3	1 小于 3	True
4 > 7	4 大于 7	False
5 < = 3	5 小于或者等于 3	False
2 > = 3	2 大于或者等于 3	False
3 = = 2	3 等于 2	False
5 ! = 2	5 不等于 2	True

把表 2-2 中的例子放到代码中，看看这些例子的布尔值分别是什么（如图 2-9 所示）。

```
print(bool(1 < 3))
print(bool(4 > 7))
print(bool(5 <= 3))
print(bool(2 >= 3))
print(bool(3 == 2))
print(bool(5 != 2))
```

```
True
False
False
False
False
True
```

图 2-9 关系运算符运行示例

2.2.5 逻辑运算符

小朋友，你肯定知道"逻辑"这个词。我们都知道，不论是说话还是写作文，抑或是制订计划等，都要符合逻辑。

在编程的世界里，有一类运算符，叫作逻辑运算符。逻辑运算符共有三种，分别是 and、or、not。接下来我们来看看，这三个逻辑运算符分别是什么含义。

（1）and 运算符

and：即"与"，可以理解为"和""并且"。

逻辑运算符 and 的使用规则是这样的：如果 and 运算符的左右两侧的判断结果都是真（True），那么最终结果（输出值）才为 True；如果有一侧判断结果是假（False），或者左右两侧的判断结果都是假（False），那么最终结果（输出值）为 False。

在程序运行的时候，and 运算符的实际运算顺序是这样的：程序先进行 and 运算符左侧的运算，如果左侧的运算结果是 False，就不再进行右侧的运算，这个时候就会直接输出结果 False；如果左侧的运算结果是 True，就会继续进行右侧的运算，如果右侧的运算结果是 False，那么输出结果是 False，如果右侧的运算结果也是 True，则输出结果是 True。

看完 and 运算符的运算顺序，是不是觉得像绕口令一样？不过不要怕，只要你耐心地多读几遍，就一定会理解。其实逻辑运算符 and 的运算规则可以总结成一句话：只有 and 的左右两侧都是 True，最后结果才会是 True，其他情况最后结果都是 False。

我们可以试着写出"（3＞1）and（5＜6）""（2＞3）and（5＜6）""（4＞2）and（5＞6）"和"（3＞5）and（6＜2）"这四个表达式的最后结果。

根据 and 运算符的使用规则，可以判断出，表达式"（3＞1）and（5＜6）"的输出结果是 True，因为这个表达式 and 的左右两侧都是 True（对），所以最后结果是 True。

表达式"（2＞3）and（5＜6）""（4＞2）and（5＞6）"的输出结果是 False，因为这两个表达式 and 的左右两侧都是一边 True（对），另外一边 False（错），所以最后结果是 False。

表达式"（3＞5）and（6＜2）"的输出结果是 False，因为这个表达式 and 的左右两侧都是 False（错），所以最后结果是 False。

在判断好了之后，我们可以把这几个表达式放到代码中，看看输出结果和我们判断的是否一样（如图 2-10 所示）。

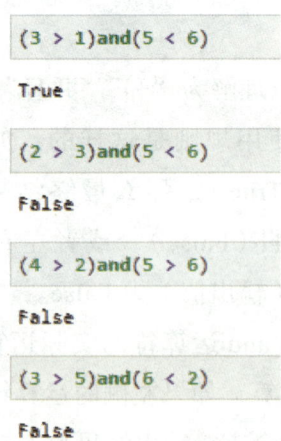

图 2-10　and 运算符的运行示例

如果你都判断对了，这就说明你学会了逻辑运算符 and 的知识，非常棒！

（2）or 运算符

or：即"或"，就是"或者"。

逻辑运算符 or 的使用规则是这样的：先看 or 运算符的左右两侧的判断结果，只要有一个运算结果是 True，那么最终运算结果（输出值）就是 True；如果 or 运算符的左右两侧的判断结果都是 True，那么最终运算结果（输出值）当然也是 True；只有 or 运算符的左右两侧的判断结果都是 False，最终运算结果（输出值）才是 False。

在程序运行的时候，or 运算符的实际运算顺序是这样的：程序先进行 or 运算符左侧的运算，如果左侧的运算结果为 True，那么就不再进行右侧运算，这个时候就会直接输出结果 True；如果左侧的运算结果是 False，那么会继续进行右侧的运算，若右侧的运算结果是 True，则输出结果就是 True，只有右侧的运算结果也是 False 的时候，最终输出结果才会是 False。

相信你在读了几遍之后已经明白并发现了，逻辑运算符 or 的运算规则也可以总结成一句话：只有 or 的左右两侧都是 False，最后结果才会是 False，其他情况最后结果都是 True。

我们可以把之前的练习中的 and 换成 or，再判断输出结果。"（3 > 1）or（5 < 6）""（2 > 3）or（5 < 6）""（4 > 2）or（5 > 6）"和"（3 > 5）or（6 < 2）"这四个表达式的最后结果分别是什么？

根据 or 运算符的使用规则，可以判断出，表达式"（3 > 1）or（5 < 6）"的输出结果是 True，因为这个表达式 or 的左右两侧都是 True（对），所以最后结果是 True。

表达式"（2 > 3）or（5 < 6）""（4 > 2）or（5 > 6）"的输出结果是 True，因为这两个表达式 or 的左右两侧都是一边 True（对），另外一边 False（错），所以最后结果是 True。

表达式"（3 > 5）or（6 < 2）"的输出结果是 False，因为这个表达式

or 的左右两侧都是 False（错），所以最后结果是 False。

在判断好了之后，我们可以把这几个表达式放到代码中，看看输出结果和我们判断的是否一样（如图 2-11 所示）。

```
(3 > 1)or(5 < 6)
```
True

```
(2 > 3)or(5 < 6)
```
True

```
(4 > 2)or(5 > 6)
```
True

```
(3 > 5)or(6 < 2)
```
False

图 2-11　or 运算符的运行示例

（3）not 运算符

not：即"非"，可以理解为"相反"。

逻辑运算符 not 的运算规则相当简单，使用规则是这样的：not 只有右侧，在运算时先判断它右侧的运算结果，然后取反，比如右侧的运算结果是 True，经过 not 取反后，最终输出结果（输出值）变为 False。

我们试着写出"not 5 < 6"和"not 5 > 6"这两个表达式的最后结果。

根据 not 运算符的使用规则，可以判断出，表达式"not 5 < 6"的输出结果是 False（错），因为这个表达式 not 的右侧结果是 True（对），所以经过 not 取反后，最后结果就是 False。

表达式"not 5 > 6"的输出结果是 True（对），因为这个表达式 not 的右侧结果是 False（错），所以经过 not 取反后，最后结果就是 True。

在判断好了之后，我们可以把这两个表达式放到代码中，看看输出结果和我们判断的是否一样（如图 2-12 所示）。

```
not 5 < 6
False

not 5 > 6
True
```

图 2-12 not 运算符的运行示例

2.2.6 注意事项

在程序运行时，运算符的优先级是不一样的。算术运算符的优先级高于关系运算符，关系运算符的优先级高于逻辑运算符，优先级排序为算术运算符 > 关系运算符 > 逻辑运算符。

在关系运算符中，比较大小的关系运算符的优先级要高于比较相等性的关系运算符。

比如，要计算 $2 + 3 \times 4$ 的结果，我们需要先计算出 3×4 等于 12，再计算 $2 + 12$ 等于 14，这说明乘法的优先级高于加法。

再比如，计算（$2 + 3$）$\times 4$ 的结果，我们需要先计算出括号里面的 $2 + 3$ 等于 5，再运算 5×4 等于 20，这说明括号的优先级高于乘法。

同样的道理，如果一个运算式子里，既有关系运算符，也有算术运算符，这个时候要先考虑算术运算符。

以 $2 + 3 < 4$ 的运算结果是 True 还是 False（或者说是对还是错）为例。在计算这个算式的时候，我们要先计算 $2 + 3$ 等于 5，再判断 $5 < 4$，这很明显是不成立的，也就是说结果为 False。

我们可以写几个类似的算式进行运算，看看自己的运算结果和电脑的运算结果是否相同（如图 2-13 所示）。

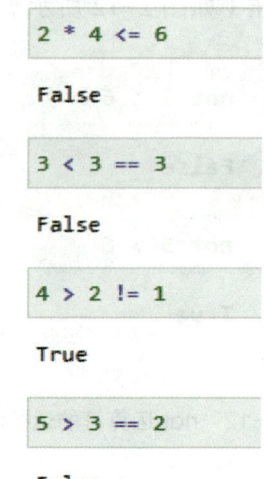

```
2 * 4 <= 6
```

False

```
3 < 3 == 3
```

False

```
4 > 2 != 1
```

True

```
5 > 3 == 2
```

False

图 2-13　比较运算优先级运行示例

在图 2-13 中，表达式 "3 < 3 == 3" 在程序执行过程中，会先执行 3 < 3，得到 False 的结果，这个时候就不会接着执行了，而是直接输出 False。表达式 "4 > 2 != 1" 在程序执行中，会先执行 4 > 2，得到 True 的结果，接着会判断 2 != 1，还是得到 True 的结果，所以最后输出的结果是 True。

2.2.7　练一练

下面有 10 个程序，请你试着写出程序的运行结果，解答结束后把代码输入 JupyterLab 中运行，看看自己是不是答对了。每一道题 10 分，满分 100 分，看看你能拿多少分吧！

（1）　　　　　　　　　（2）　　　　　　　　　（3）

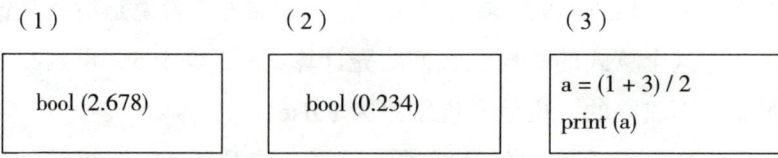

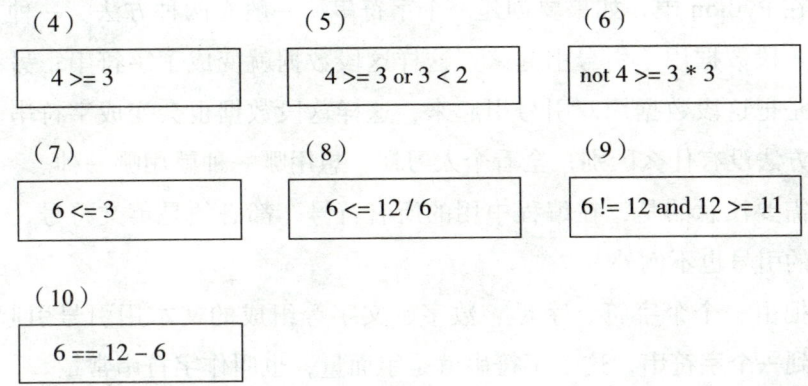

（4）

| 4 >= 3 |

（5）

| 4 >= 3 or 3 < 2 |

（6）

| not 4 >= 3 * 3 |

（7）

| 6 <= 3 |

（8）

| 6 <= 12 / 6 |

（9）

| 6 != 12 and 12 >= 11 |

（10）

| 6 == 12 − 6 |

2.3 不能吃的串串：字符串

2.3.1 字符串的含义

如果你去小吃街，你一定会看到很多卖串串的，有油炸的，有烧烤的，还有涮的，串串的香味弥漫整条美食街。

在编程的世界里，也有一种"串串"，不过这种串串可不是用来吃的。编程里的"串串"叫作字符串，几乎每一段程序都或多或少含有字符串。

在 Python 中，如果要创建一个字符串，一般有两种方法。一种方法是把一段数据用单引号引起来，这样这段数据就变成了字符串；另一种方法是把这段数据用双引号引起来，这样这段数据也会变成字符串。这两种方法没有什么区别，全看个人习惯，想用哪一种就用哪一种。

需要注意的是，在编程中用的所有符号，都必须是英文符号，字符串用的引号也不例外。

把由一个个字符、字母、数字、文字等组成的文本用引号引起来，就得到一个字符串，这个字符串就是字面量，也叫作字符串常量。

在编程中我们会经常用到字符串，如果在程序中直接输入一行汉字，程序会因为无法识别而报错，如果给这行汉字加上引号，那么这行文字就变成了字符串，Python 就可以识别并正常运行了（如图 2-14 所示）。

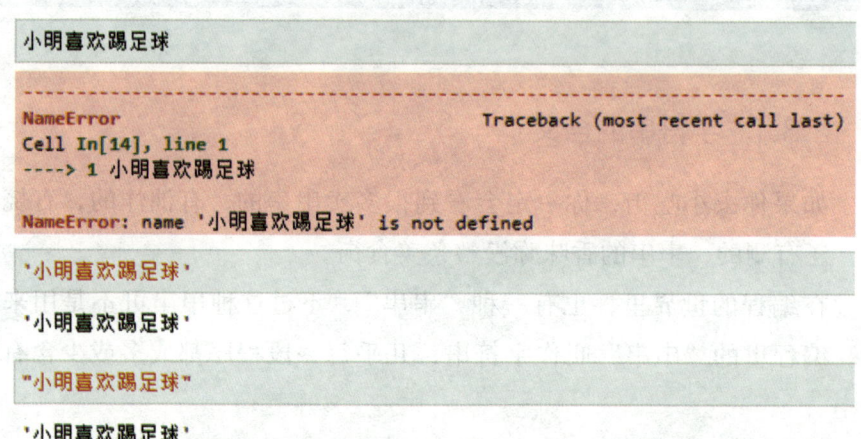

图 2-14　字符串的创建方式运行示例

2.3.2　字符串的相关操作

（1）多个字符串拼接

当想一次输出两个或两个以上的字符串时，我们可以在这些字符串之间加上加号或者英文逗号，也可以不加任何符号，这样就可以把多个字符串拼接到一起。

比如，一次输出"小明爱吃苹果"和"小红爱吃橙子"这两个字符串，我们可以使用上述三种方法中的任何一种。对应的代码如下。

```
print(" 小明爱吃苹果 " + " 小红爱吃橙子 ")
print(" 小明爱吃苹果 "," 小红爱吃橙子 ")
print(" 小明爱吃苹果 "" 小红爱吃橙子 ")
```

把这段程序输入 JupyterLab，看看程序的运行结果是不是我们想要的（如图 2-15 所示）。

```
print("小明爱吃苹果" + "小红爱吃橙子")
print("小明爱吃苹果","小红爱吃橙子")
print("小明爱吃苹果""小红爱吃橙子")
```
小明爱吃苹果小红爱吃橙子
小明爱吃苹果 小红爱吃橙子
小明爱吃苹果小红爱吃橙子

图 2-15　字符串的拼接运行示例

如果想一次输出 10 句相同的话，该如何编程呢？有的小朋友可能会把这句话写上 10 遍，然后输出。虽然这样做可以得到想要的效果，但是很麻烦，而且代码很冗长。那有没有简单的方法呢？

当然有，我们只需要在这句话后面加上"* 10"，即代码为"print(" 小明喜欢踢足球 " * 10)"，就能输出 10 遍了（如图 2-16 所示）。

```
print("小明喜欢踢足球" * 10)
```
小明喜欢踢足球小明喜欢踢足球小明喜欢踢足球小明喜欢踢足球小明喜欢踢足球小明喜欢踢足球小明喜欢踢足球小明喜欢踢足球小明喜欢踢足球小明喜欢踢足球

图 2-16　字符串的乘法运行示例

如果你想输出 20 遍，甚至 100 遍，都只需要用"*"就可以了，是不是非常方便呢？

（2）字符串和数字之间的转换

在编写程序的过程中，有的时候我们需要把数字和字符串进行转换，比如我们想把数字和字符串一块儿打印出来。

假设小明刚上六年级，因为表现积极，被选为班长。老师听说小明会编程，于是便打算考考小明。老师让小明写一段程序，这段程序要把小明的姓名和年龄拼接到一起，然后输出。小明信心满满地把这段程序写了出来。我们来帮小明看看他写的程序对不对。

```
print(" 小明今年 " + 11 + " 岁 ")
```

我们可以把小明写的程序输入 JupyterLab，运行时系统报错了（如图 2-17 所示）。

```
print("小明今年" + 11 + "岁")
-----------------------------------------------------------
TypeError                          Traceback (most recent call last)
Cell In[19], line 1
----> 1 print("小明今年" + 11 + "岁")

TypeError: can only concatenate str (not "int") to str
```

图 2-17 小明的代码运行报错

之所以会出现这样的错误，是因为字符串和数字是两种不同的数据类型，不同的数据类型不能直接拼接到一起，需要先转换成相同的数据类型，再拼接。

那怎么进行转换呢？

方法非常简单，我们只需要给数字加上引号，这样数字就变成了字符串，这个时候就可以进行拼接了。

更改后的程序如下。

```
print(" 小明今年 " + "11" + " 岁 ")
```

我们运行更改后的程序，这时就得到了我们想要的结果（如图 2-18 所示）。

```
print("小明今年" + "11" + "岁")
小明今年11岁
```

图 2-18　更正后的代码运行

如果你不想自己给数字加引号的话，将数字转换成字符串还有另一种方法，那就是使用 str()，该函数可以将括号里的数字转换成字符串，相当于为数字自动加上了引号。比如，我们也可以这样写图 2-18 中的代码。

```
print(" 小明今年 " + str(11) + " 岁 ")
```

注意：在 Python 中，11 和 "11" 并不相同，两者的数据类型不同，11 是数字，而 "11" 是字符串。

字符串是不能进行计算的，如果要进行计算则需要先转换成数字。比如，我们直接对 "13" 和 5 进行计算，系统会报错（如图 2-19 所示）。

```
"13" - 5

---------------------------------------------------------------------------
TypeError                                 Traceback (most recent call last)
Cell In[29], line 1
----> 1 "13" - 5

TypeError: unsupported operand type(s) for -: 'str' and 'int'
```

图 2-19　程序运行报错

我们首先需要把 "13" 转换成为数字，然后再进行计算。可以使用 int() 或者 float() 进行类型转换（如图 2-20 所示）。

```
int("13") - 5

8

float("13") - 5

8.0
```

图 2-20 字符串转换为数字后程序运行

（3）单引号和双引号的混合运用

相信你已经了解了如何创建与输出字符串，接下来你要学会灵活地运用它。学会了灵活运用，哪怕是一些比较奇怪的内容，我们也能把它们正常输出来。

假设小明白天在足球场上和小伙伴一起踢足球。小明作为足球队的队长，他每次都会在开始比赛之前，大声喊上一句："Let's go!"。在晚上回到家后，小明想用字符串的形式，把他的口头禅输出来，下面是他编写的程序。

```
print('Let's go!')
```

在运行程序时，小明发现系统竟然报错了（如图 2-21 所示）。对此，小明不知道哪里出现了问题。

```
print('Let's go!')

Cell In[1], line 1
    print('Let's go!')
                ^
SyntaxError: unterminated string literal (detected at line 1)
```

图 2-21 字符串的引号冲突导致程序运行报错

小明写的程序会报错，是因为"Let's go!"这句话里含有单引号，我们再用单引号创建字符串的话，就会和这句话里的单引号产生冲突，系统运行时就会报错。

如果我们会灵活运用单、双引号的话，就可以很好地解决这个问题。我们可以用双引号把"Let's go!"这句话变成字符串，这样程序在运行时就不会报错了（如图2-22所示）。

```
print("Let's go!")
Let's go!
```

图2-22　灵活运用字符串的双引号

相信聪明的你已经想到了，如果句子里面含有双引号，想要把它变成字符串，就得用单引号把这句话引起来。

比如输出这一句话：你读过"面朝大海，春暖花开"这句话吗？

在这句话里面含有双引号，所以如果再用双引号的话，程序运行时就会报错。想要把这句话变成字符串，就只能用单引号（如图2-23所示）。

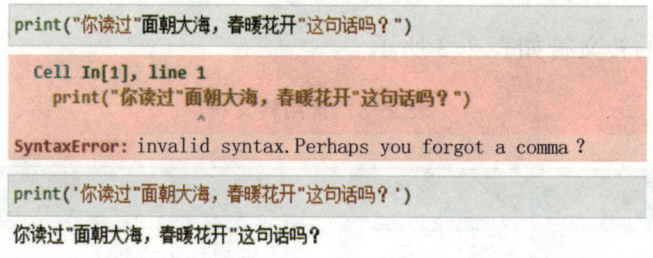

```
print("你读过"面朝大海，春暖花开"这句话吗？")
```
```
Cell In[1], line 1
    print("你读过"面朝大海，春暖花开"这句话吗？")
                  ^
SyntaxError: invalid syntax.Perhaps you forgot a comma？
```
```
print('你读过"面朝大海，春暖花开"这句话吗？')
```
你读过"面朝大海，春暖花开"这句话吗？

图2-23　灵活运用字符串的单引号

（4）转义符

虽然我们可以用以上方法将带有单引号或者双引号的句子转换成字符串，但是有的句子既有单引号又有双引号，这个时候就得用到转义符了。

转义符就是符号"\"，一定要注意这不是除号，转义符的作用很简单，即用来表示某些特殊符号，使这些符号不与编程语言冲突，比如下面这段程序。

```
print('Let\'s go!')
```

这段程序是可以正常运行的，字符串里的"\'"用来表示句子中的单引号，这样单引号就可以正常输出了。

再比如这段话：Let's go! 我们一起去读"面朝大海，春暖花开"这首诗吧！

这段话里既有单引号，也有双引号，如果把它转换成字符串，就可以对这段话中的引号使用转义符（如图 2-24 所示）。

```
print("Let's go!我们一起去读\"面朝大海，春暖花开\"这首诗吧！")
```
Let's go!我们一起去读"面朝大海，春暖花开"这首诗吧！

```
print('Let\'s go!我们一起去读"面朝大海，春暖花开"这首诗吧！')
```
Let's go!我们一起去读"面朝大海，春暖花开"这首诗吧！

图 2-24　转义符的应用示例

常用的转义符如表 2-3 所示。

表 2-3　常用转义符

符　号	说　明
\\	反斜杠（\）
\'	单引号（'）
\"	双引号（"）
\n	换行符（LF）

有的时候，我们想一次输出好几行内容，有多种方法可以实现。比如图 2-25 所示的方式，每一个 print() 都会在新的一行中输出，我们只用一个 print() 行不行呢？我们可以勇敢地尝试一下（如图 2-25 所示）。

```
print("小明爱吃苹果，小红爱吃橙子，
小明爱吃苹果,小红爱吃橙子,
小明爱吃苹果,小红爱吃橙子")
```

```
Cell In[20], line 1
    print("小明爱吃苹果，小红爱吃橙子，
                                    ^
SyntaxError: unterminated string literal (detected at line 1)
```

图 2-25　换行错误示例

在尝试之后，我们发现程序运行时发生了错误，说明这种方法是不行的，那我们有什么办法让它正常运行，并且输出三行呢？

办法自然是有的，而且还不止一个！下面我来教给你三种方法。

第一种方法：使用三对双引号，在图 2-25 所示的程序中，字符串使用的是一对双引号，我们可以把这一对双引号改成三对双引号，这样就可以得到三行（如图 2-26 所示）。

```
print("""小明爱吃苹果，小红爱吃橙子，
小明爱吃苹果,小红爱吃橙子,
小明爱吃苹果,小红爱吃橙子""")
```

```
小明爱吃苹果，小红爱吃橙子，
小明爱吃苹果,小红爱吃橙子,
小明爱吃苹果,小红爱吃橙子
```

图 2-26　使用第一种方法，换行正确

第二种方法：使用三对单引号，在图 2-25 所示的程序中，字符串使用的是一对双引号，我们可以把这一对双引号改成三对单引号，这样也可以得到三行（如图 2-27 所示）。

```
print('''小明爱吃苹果，小红爱吃橙子，
小明爱吃苹果,小红爱吃橙子,
小明爱吃苹果,小红爱吃橙子''')
```

小明爱吃苹果，小红爱吃橙子，
小明爱吃苹果,小红爱吃橙子,
小明爱吃苹果,小红爱吃橙子

图 2-27　使用第二种方法，换行正确

第三种方法：使用换行符 \n，我们可以把字符串写成一行，然后在想换行的地方使用换行符，当程序运行时，在遇到换行符之后就会自动开启下一行（如图 2-28 所示）。

```
print("小明爱吃苹果，小红爱吃橙子,\n小明爱吃苹果，小红爱吃橙子,\n小明爱吃苹果,小红爱吃橙子")
```

小明爱吃苹果，小红爱吃橙子,
小明爱吃苹果，小红爱吃橙子,
小明爱吃苹果,小红爱吃橙子

图 2-28　使用第三种方法，换行正确

2.3.3　注意事项

在学习编程的初期，我们肯定避免不了会经常出错。哪怕是一些编程高手，在编写程序时也避免不了出现错误。所以当自己编写的程序出现了错误时，不要灰心，失败是成功之母，相信你学到后期会越来越优秀的。

JupyterLab 这个软件不仅会报错，还会在报错时指出哪一行代码出错了，错误类型是什么。我们只需要翻译一下，就能很快得知错误并进行更正。

拿图 2-23 中的报错举例，它的报错是下面这样的。

```
Cell In[1], line 1
    print(" 你读过 " 面朝大海，春暖花开 " 这句话吗？ ")
                    ^
SyntaxError: invalid syntax. Perhaps you forgot a comma?
```

可以看到，软件指出了出错的是哪一行代码，最后一行还指出了错误类型。我们可以把最后一行翻译成中文，这样就可以知道具体的错误原因了。不过需要注意的是，它的提示并不一定正确，我们需要学会分辨。

2.3.4 练一练

下面有 5 段程序，请你试着判断程序运行时是否会报错，如果是，应该怎么更改；如果不是，输出结果是什么。解答结束后，把代码输入 JupyterLab 运行，看看自己是不是填对了。每一道题 10 分，满分 50 分，看看你能拿多少分吧！

（1）

```
a = '520' + 521
print (a)
```

（2）

```
print ("你好",'世界')
```

（3）

```
print ('小刚体重',str(40),"公斤")
```

（4）

```
print ('我喜欢看"科幻片"，小明喜欢看"喜剧片"' )
```

（5）

```
print ("我喜欢看\"科幻片\"，\n小明喜欢看\"喜剧片\"")
```

3

魔法大楼第一层
——决策魔法

3.1　如果的事：if 语句

3.1.1　if 语句

我们来设想一个场景。早上出门之前，妈妈对你说："如果今天你能考 60 分以上，那么晚上咱们出去吃大餐！"

这种"如果…那么…"的句式，在 Python 中叫作 if 语句，也可以叫作条件判断语句。

在程序中，if 语句是下面这种结构：

if 条件一	如果考了60分以上
结果一	去吃大餐

如果再继续拆解得更细致一些，把句子中省略掉的部分都加上去，那么它的内部结构其实是下面这种逻辑：

if 条件一 为真	如果考了60分以上 实现了
发生结果一	那么去吃大餐

通过这种"如果为真，那么发生结果"的结构，if 语句能够控制程序运行的走向——如果条件为真，发生结果一；如果条件为假，什么都不发生。

"真"在程序中的表示是"True"，"假"相应的就是"False"。

3.1.2　输入与输出

在学习使用 if 语句之前，我们先来看一看输入与输出。

程序可以对数据进行处理，处理结束之后就可以输出结果。

现在思考一下，程序除了处理数据和输出结果以外，还应该有什么功能呢？还应该有输入功能。可以把程序比作一台榨汁机，榨汁机对水果，比如西瓜进行搅拌，相当于程序对数据进行处理；流出西瓜汁，相当于程序输出结果。想要得到西瓜汁，还有一件非常重要的事，那就是我们得先往榨汁机里放西瓜，往榨汁机中放西瓜的过程，就相当于向程序中输入内容的过程。

前面讲过，程序的输出可以用 print() 函数。现在我们学习程序的输入。

程序的输入可以使用 input() 函数，这个函数需要我们输入数据。我们输入要处理的数据之后，程序就会运行（如图 3-1 所示）。

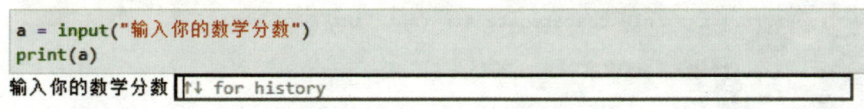

图 3-1　input() 使用示例

从图 3-1 中我们可以看到，程序运行之后，出现了一个输入框。我们在输入框中输入要处理的数据之后，按一下回车键，就会进入下一步。为了提醒人们输入什么数据，我们可以在 input() 的括号里写上一句提示语，并且用英文双引号把这句话引起来，这样在输入框的前面，就会显示这句提示语（如图 3-2 所示）。

```
a = input("输入你的数学分数")
print(a)
```

输入你的数学分数 88
88

图 3-2　input() 运行示例

你可以自己尝试一下，如果使用两个或者更多的输入函数 input()，会发生什么？

需要注意的是，输入的数据会被输入函数 input() 转换为字符串，比如你输入的是数字，在输入函数 input() 中，该数字会被转换为字符串，字符串是不能参与计算的，需要把它转换为数字才能参与计算（如图 3-3 所示）。

```
a = input("输入10以内的一个数字")
b = a + 3
print(b)
```

输入10以内的一个数字 2

```
TypeError                               Traceback (most recent call last)
Cell In[2], line 2
      1 a = input("输入10以内的一个数字")
----> 2 b = a + 3
      3 print(b)

TypeError: can only concatenate str (not "int") to str
```

```
a = input("输入10以内的一个数字")
a = int(a)
b = a + 3
print(b)
```

输入10以内的一个数字 2
5

图 3-3　input() 类型是字符串运行示例

从这两段程序的运行结果中我们发现，第一段程序运行过程中报错了，而第二段程序正常运行。

这两段程序的区别就是，第一段程序没有对输入的数据进行转换。

因为使用输入函数 input() 输入的数据类型是字符串，所以程序运算 b = a + 3 时报错；第二段程序使用 int() 函数，把输入的数据由字符串转换成数字，所以可以正常运算。

3.1.3　if 语句的使用

我们已经知道了 if 语句的格式，接下来学习如何使用它。就拿最常见的比较大小来做示范。

小明的老师写了一个判断学生数学成绩的程序，这个程序的功能很简单，老师只需要把学生的数学分数输入程序里，如果分数合格先输出"成绩合格"，然后输出"结束"；如果分数不合格，就直接输出"结束"。小明的老师写的程序是这样的。

```
a = input(" 请输入学生分数 ")
a = int(a)
if a >= 60:
    print(" 成绩合格 ")
print(" 结束 ")
```

我们分析一下这段代码。在这段代码里，a 是变量，使用 input() 函数输入学生分数，并且把学生分数赋值给变量 a。因为 input() 函数输入的数据类型是字符串，不能直接进行运算，所以使用 int() 函数把字符串转换成数字。然后，使用 if 语句，如果输入的分数大于或者等于 60，就先输出"成绩合格"，然后输出"结束"；反之，则直接输出"结束"。

流程图直观、形象，有助于我们理解代码是如何运行的，流程图中的不同图形有着不同的作用，具体情况（如表 3-1 所示）。

表 3-1　流程图图形及其功能介绍

图　形	名　称	功　能
	开始 / 结束框	表示算法的开始或者结束，一个算法只有一个开始框，但可以有多个结束框
	输入 / 输出框	表示数据的输入或者输出
	判断框	进行判断操作，通常以上方顶点为入口
	流程线	表示流程控制方向
	处理框	进行数据处理，有一个入口和一个出口

对于刚写的那段代码，我们可以使用流程图直观地表现出 if 语句的运行过程（如图 3-4 所示）。

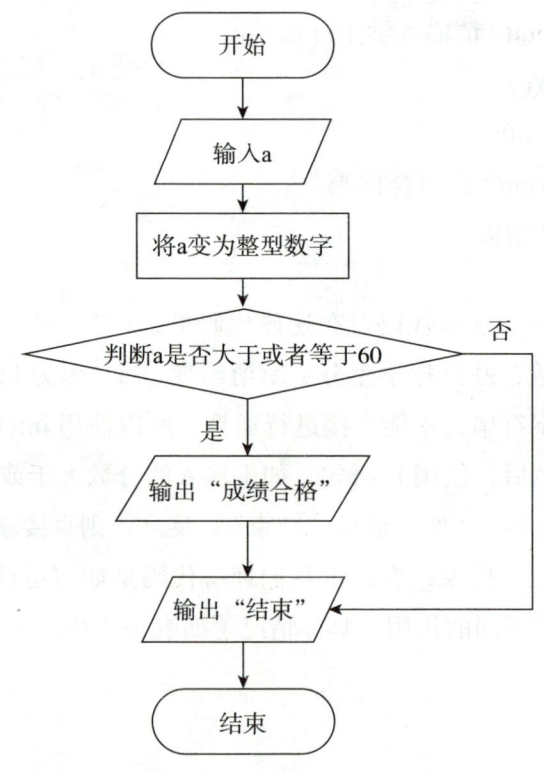

图 3-4　if 语句程序流程图

我们知道了 if 语句的执行流程后，把代码输入 JupyterLab，然后输入不同的分数，运行几遍程序（如图 3-5 所示）。

```python
a = input("请输入学生分数")
a = int(a)
if a >= 60:
    print("成绩合格")
print("结束")
```

请输入学生分数 88
成绩合格
结束

```python
a = input("请输入学生分数")
a = int(a)
if a >= 60:
    print("成绩合格")
print("结束")
```

请输入学生分数 53
结束

图 3-5　判断分数程序运行示例

相信你已经学会了 if 语句的简单用法，接下来我们尝试利用之前学过的知识，帮助小明解决这样一道数学题。

有 4 个数字，它们分别是 69，84，109，755，小明想从这些数字里找出数字 3 和数字 7 的公倍数，请你帮小明写一段程序，使用 if 语句判断谁是 3 和 7 的公倍数。

我们知道 3 和 7 的公倍数必须既可以被 3 整除，也可以被 7 整除。还记得取余符号"%"吗（见表 2-1）？判断能否整除，我们可以用取余运算，整除即余数为 0。我们先画出程序的流程图（如图 3-6 所示）。

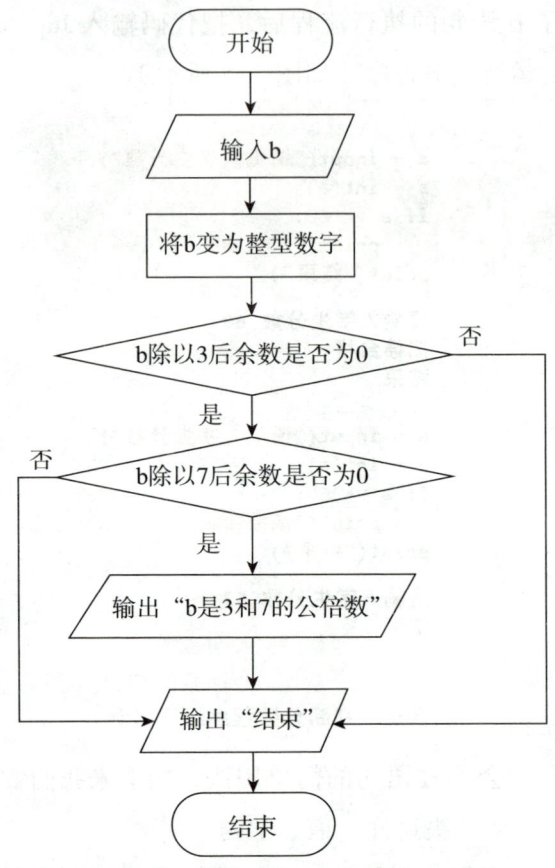

图 3-6　判断公倍数的程序流程图

我们通过流程图厘清了思路，接下来就可以编写代码了。你可以先自己尝试编写代码，看是否可以正常运行，然后对照下面小明编写的代码，看看有没有相似的地方。

```
b = input(" 请输入想要判断的数字 ")
b = int(b)
if b % 3 == 0 and b % 7 == 0:
    print(b," 是 3 和 7 的公倍数 ")
print(" 结束 ")
```

在编写好代码之后，我们就可以运行代码了，从而判断出哪个数字满足要求（如图 3-7 所示）。

```python
b = input("请输入想要判断的数字")
b = int(b)
if b % 3 == 0 and b % 7 == 0:
    print(b,"是3和7的公倍数")
print("结束")
```

```
请输入想要判断的数字 69
结束
```

```python
b = input("请输入想要判断的数字")
b = int(b)
if b % 3 == 0 and b % 7 == 0:
    print(b,"是3和7的公倍数")
print("结束")
```

```
请输入想要判断的数字 84
84 是3和7的公倍数
结束
```

```python
b = input("请输入想要判断的数字")
b = int(b)
if b % 3 == 0 and b % 7 == 0:
    print(b,"是3和7的公倍数")
print("结束")
```

```
请输入想要判断的数字 109
结束
```

```python
b = input("请输入想要判断的数字")
b = int(b)
if b % 3 == 0 and b % 7 == 0:
    print(b,"是3和7的公倍数")
print("结束")
```

```
请输入想要判断的数字 755
结束
```

图 3-7　判断公倍数的程序运行示例

3.1.4 练一练

下面有 3 道题，请你将对应的代码写出来，并使其能够正常运行。

（1）有 4 个数字，它们分别是 5，7，13，15，小明想从这些数字里找出数字 105 和数字 70 的公约数，请你帮小明写一段程序，使用 if 语句判断谁是公约数。

（2）我们知道每四年里就有一年是闰年，闰年的判断方法是年份可以被 4 整除但是不能被 100 整除，或者可以被 400 整除。请你试着写一段程序，判断某一年是不是闰年。

（3）小明的老师想写一个判断学生数学成绩是不是优秀的程序，这个程序的功能很简单，老师只需要把学生的数学分数输入程序里，如果分数大于或者等于 90 分，就输出"非常优秀"，然后结束；如果分数小于 90 分，程序就会直接结束。请你帮老师把程序写出来。

3.2 其他的选择：else 语句

3.2.1 else 语句

else 语句是对 if 语句的进一步扩充。在前面讲解 if 语句的时候，我们只针对条件为"真"的情况做了准备，而条件为"假"时却没有做具体的设计。

else 语句的作用就是告诉计算机，如果前面的条件为假时，应该发生什么事情。

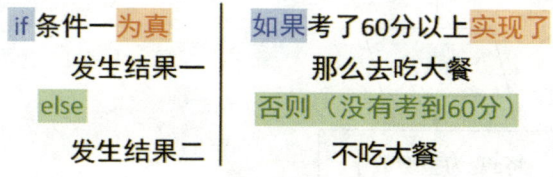

加入 else 之后，if 语句的结构就变成了上面这样。

3.2.2　else 语句的使用

在前面的学习中，有的小朋友可能会有疑惑，一个 if 语句好像不太够用，比如在判断学生分数是否合格时，如果不合格该怎么让程序输出不合格，然后再结束呢？这个时候就会用到 else 语句了。

我们来写一段程序，依然是输入学生分数并判断是否合格，如果合格就输出"成绩合格"，然后输出"结束"；如果不合格就输出"成绩不合格"，然后输出"结束"，下面是对应的代码。

```
a = input(" 请输入学生分数 ")
a = int(a)
if a >= 60:
    print(" 成绩合格 ")
else:
```

```
        print(" 成绩不合格 ")
print(" 结束 ")
```

我们分析一下这段代码。输出"成绩合格"这行代码之前的代码和上一节中的代码没有什么区别，而在这一行代码之后，多了 else 语句，如果输入的分数小于 60，就会先输出"成绩不合格"，然后输出"结束"。

我们可以将代码运行过程用流程图表示出来（如图 3-8 所示）。

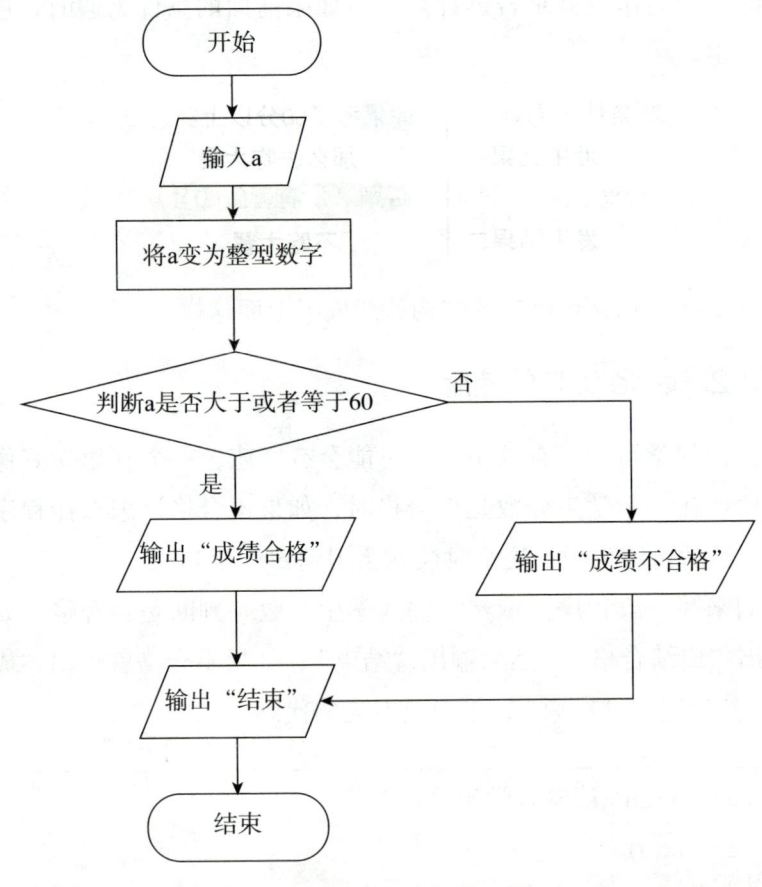

图 3-8　else 语句程序流程图

图 3-8 中的流程图非常容易看懂，我们知道了流程之后，把代码输入 JupyterLab 中，然后输入不同的分数，运行几遍程序（如图 3-9 所示）。

```
a = input("请输入学生分数")
a = int(a)
if a >= 60:
    print("成绩合格")
else:
    print("成绩不合格")

print("结束")
```
请输入学生分数 88
成绩合格
结束

```
a = input("请输入学生分数")
a = int(a)
if a >= 60:
    print("成绩合格")
else:
    print("成绩不合格")

print("结束")
```
请输入学生分数 36
成绩不合格
结束

图 3-9　else 代码运行示例

相信聪明的你在看完这个例子之后，已经学会了 else 语句的使用方法，是不是非常简单？虽然知识简单，但是我们要细心，一定要注意使用英文的符号。此外，执行语句前要空四格。执行语句的核心功能可理解为通知计算机完成特定的任务或操作。比如 if 语句和 else 语句结构中的"print(" 成绩合格 ")"和"print(" 成绩不合格 ")"就是执行语句。

我们尝试改动一下学 if 语句时用的判断公倍数代码，在原有基础上，增加一段代码，实现如果输入的数不是 3 和 7 的公倍数，就输出"b 不是 3 和 7 的公倍数"，对应的代码如下所示。

```
b = input(" 请输入想要判断的数字 ")
b = int(b)
if b % 3 == 0 and b % 7 == 0:
    print(b," 是 3 和 7 的公倍数 ")
```

```
else:
    print(b," 不是 3 和 7 的公倍数 ")
print(" 结束 ")
```

运行代码即可得到判断结果（如图 3-10 所示）。

```
b = input("请输入想要判断的数字")
b = int(b)
if b % 3 == 0 and b % 7 == 0:
    print(b,"是3和7的公倍数")
else:
    print(b,"不是3和7的公倍数")

print("结束")
请输入想要判断的数字 69
69 不是3和7的公倍数
结束
```

```
b = input("请输入想要判断的数字")
b = int(b)
if b % 3 == 0 and b % 7 == 0:
    print(b,"是3和7的公倍数")
else:
    print(b,"不是3和7的公倍数")

print("结束")
请输入想要判断的数字 84
84 是3和7的公倍数
结束
```

```
b = input("请输入想要判断的数字")
b = int(b)
if b % 3 == 0 and b % 7 == 0:
    print(b,"是3和7的公倍数")
else:
    print(b,"不是3和7的公倍数")

print("结束")
请输入想要判断的数字 109
109 不是3和7的公倍数
结束
```

```
b = input("请输入想要判断的数字")
b = int(b)
if b % 3 == 0 and b % 7 == 0:
    print(b,"是3和7的公倍数")
else:
    print(b,"不是3和7的公倍数")

print("结束")
请输入想要判断的数字 755
755 不是3和7的公倍数
结束
```

图 3-10　判断公倍数程序中 else 语句运行示例

3.2.3 练一练

下面有 3 道题，请你将对应的代码写出来，并使其能够正常运行。

（1）有 4 个数字，它们分别是 5，7，13，15，小明想从这些数字里找出数字 105 和数字 70 的公约数，请你帮小明写一段程序，使用 if 语句判断谁是公约数。如果是公约数则输出"是公约数"，如果不是公约数则输出"不是公约数"。

（2）我们知道每四年里有一年是闰年，闰年的判断方法是年份可以被 4 整除但是不能被 100 整除，或者可以被 400 整除。请你试着写一段程序，判断某一年是不是闰年，如果是闰年则输出"是闰年"，如果不是闰年则输出"不是闰年"。

（3）小明的老师想写一个判断学生数学成绩是不是优秀的程序，这个程序的功能很简单，老师只需要把学生的数学分数输入程序里，如果分数大于或者等于 90 分，则输出"非常优秀"，然后结束；如果分数小于 90 分，则输出"有待提高"，程序结束。

3.3 更多的魔法：elif 语句

3.3.1 elif 语句

在情况比较复杂的时候，就没有办法用（if...else...）来简单描述情况了。比如在某一段高速公路上，对于车速的划分是下面这种情况：

车速小于等于 60 km/h，车速过慢；

车速大于 60 km/h，小于等于 120 km/h，车速正好；

车速大于 120 km/h，超速。

既然一个（if...else...）不够，那么干脆多用几个。这样一来，多个（if...else...）嵌套起来之后，就形成了下面这种结构：

if ...else if...else...

这些（...else if...）的结构，在 Python 中经过精简之后，就变成了 elif 这种形式。

if ...elif...else...

用来表示车速区间的时候，下面的两种表达方式是等效的。

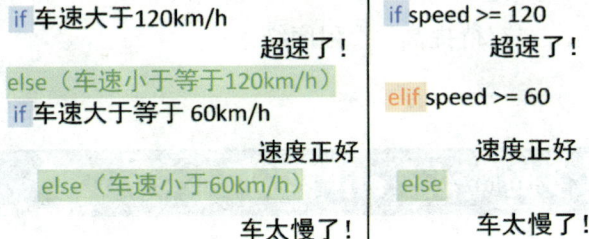

3.3.2　elif 语句的使用

小明的老师在写完判断成绩是否合格的程序后，突然发现只是判断出分数是否合格还不够，学生的成绩应该分为不合格、合格、良好、优秀、非常优秀这 5 个层次。分数不够 60 分的是不合格；分数大于或等于 60 分但低于 70 分的是合格；分数大于或等于 70 分但低于 80 分的是良好；分数大于或等于 80 分但低于 90 分的是优秀；分数大于或等于 90 分的是非常优秀。

我们可以使用 elif 语句，根据小明老师的要求，写出相应的代码，对应代码如下所示。

```
a = input(" 请输入学生分数 ")
a = int(a)
if a < 60:
    print(" 成绩不合格 ")
elif 60 <= a < 70:
    print(" 成绩合格 ")
elif 70 <= a < 80:
    print(" 成绩良好 ")
elif 80 <= a < 90:
    print(" 成绩优秀 ")
elif 90 <= a:
    print(" 成绩非常优秀 ")
print(" 结束 ")
```

运行这段程序，输入不同的分数，测试下它能不能达到我们的要求
（如图 3-11 所示）。

```
a = input("请输入学生分数")          请输入学生分数 97
a = int(a)                        成绩非常优秀
if a < 60:                        结束
    print("成绩不合格")
elif 60 <= a < 70:                请输入学生分数 78
    print("成绩合格")              成绩良好
elif 70 <= a < 80:                结束
    print("成绩良好")
elif 80 <= a < 90:                请输入学生分数 56
elif 90 <= a <= 100:              成绩不合格
                                  结束
    print("成绩非常优秀")
    print("成绩优秀")
print("结束")
```

图 3-11　elif 运行示例

3.3.3 练一练

下面有 3 道题，请你把对应的代码写出来，并使其能够正常运行。

（1）小明想对同学的身高进行测量，并对不同的身高进行分类。身高在 140 厘米及以下的是比较矮；身高在 140 厘米和 150 厘米（不包括 140 厘米和 150 厘米）之间的是正常；身高在 150 厘米（包括 150 厘米）和 160 厘米（不包括 160 厘米）之间的是比较高；身高在 160 厘米及以上的是非常高。请你用 Python 帮小明写一段程序，对学生身高进行分类。

（2）有一个研究机构想对学生家和学校之间的距离进行研究，距离在 500 米及以内的是非常近；距离在 500 米和 1 000 米（不包括 500 米和 1 000 米）之间的是正常；距离在 1 000 米和 1 500 米（包括 1 000 米，不包括 1 500 米）之间的是比较远；距离在 1 500 米及以上的是非常远。请你用 Python 帮研究机构写一段程序，对学生家和学校之间的距离进行分类。

（3）小刚的村子里有一家养鸡场，小刚想统计一下养鸡场每天的鸡蛋产量，500 个及以下是产量少；500 个到 700 个（不包括 500 个和 700 个）是产量正常；700 个及以上是产量多。请你用 Python 帮小刚写一段程序，对养鸡场每天的鸡蛋产量进行分类。

3.4 俄罗斯套娃：嵌套语句

3.4.1 嵌套语句

在编写一些程序时，如果只是用一个语句的话，我们写的代码会比较烦琐，这个时候如果想简化代码，就可以使用嵌套语句。嵌套语句是指在 if、else、elif 语句中继续嵌套其他语句。

我们来看一个例子。某家航空公司会根据行李的重量分档收取行李托运费，共有以下三个档位：

第一档，行李重量在 20 千克（含）以内，免收托运费；

第二档，行李重量在 20 千克以上且 30 千克（含）以内，收取 50 元托运费；

第三档，行李重量在 30 千克以上，收取 100 元托运费。

接下来我们写一个程序，当输入行李的重量时，程序就能够输出应该付多少钱的托运费。首先只用 if 语句来实现。

```python
weight = input(" 请输入您的行李重量 (kg)：")
weight = float(weight)
# 第一个判断：如果不超过 20kg，则为第一档
if weight <= 20:
    print(" 第一档，免收托运费 ")
# 第二个判断：如果在 20~30kg 之间，则为第二档
if 20 < weight <= 30:
    print(" 第二档，需收取 50 元托运费 ")
# 第三个判断：如果超过 30kg，则为第三档
if weight > 30:
    print(" 第三档，需收取 100 元托运费 ")
print(" 结束 ")
```

可以看到，当依赖多重 if 时，每段判断都是并列的，需要写三次分

割的判断条件。接下来我们使用嵌套语句来完成这个功能。

```python
weight = input(" 请输入您的行李重量 (kg) : ")
weight = float(weight)
if weight <= 30:
    # 若不超过 30kg，进一步判断是否不超过 20kg
    if weight <= 20:
        print(" 第一档，免收托运费 ")
    else:
        print(" 第二档，需收取 50 元托运费 ")
else:
    # 若超过 30kg，则直接为第三档
    print(" 第三档，需收取 100 元托运费 ")
print(" 结束 ")
```

通过嵌套 if，可以先从整体上判断是否超过 30 kg，然后只在满足"不超过 30 kg"时，再判断是第一档还是第二档，从而减少重复判断，代码也会更紧凑一些。

只用 if 语句和使用嵌套语句差别很大，上面的例子两种方式看起来差不多，这是因为这段程序本身很简单。如果是一段非常复杂的程序，使用嵌套语句的好处就可以凸显出来了。

需要注意的是，使用嵌套语句时最好只嵌套一次，因为嵌套的层数太多的话，不仅代码显得很杂乱，一旦出错，纠错也会是一件麻烦的事情。

下面我们看看这个嵌套语句的程序运行流程图（如图 3-12 所示）。

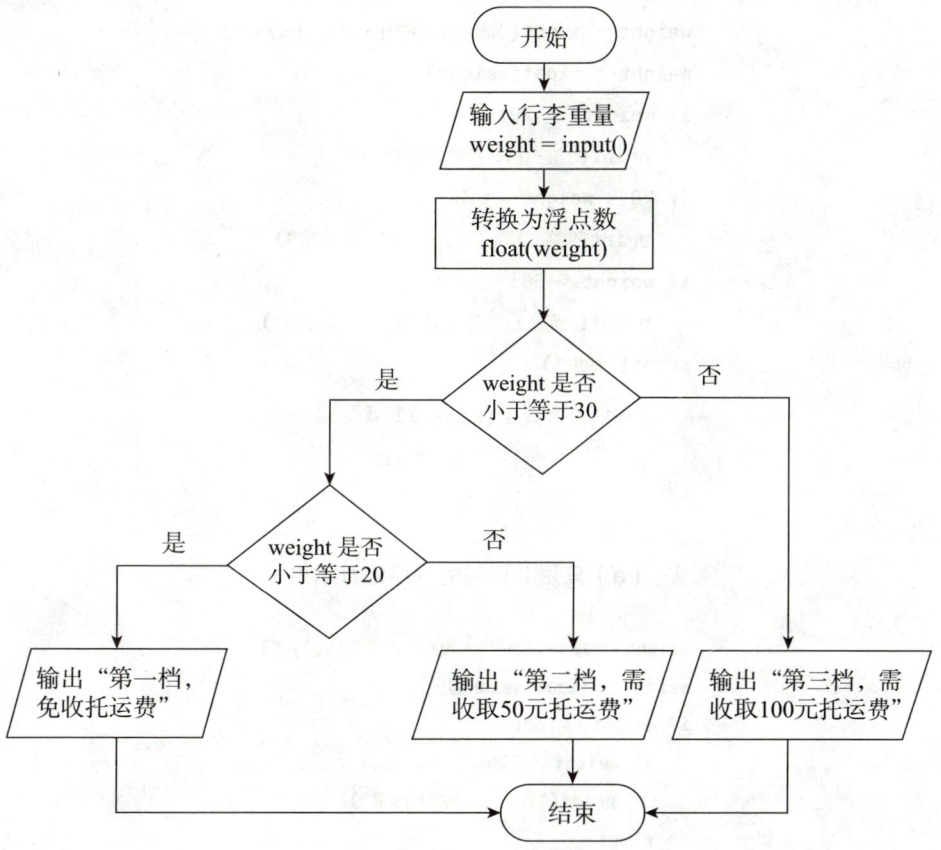

图 3-12 嵌套语句的程序运行流程图

下面我们看看这两个程序的运行结果（如图 3-13 所示）。

```
weight = input("请输入您的行李重量(kg)：")
weight = float(weight)
if weight <= 20:
    print("第一档，免收托运费")
if 20 < weight <= 30:
    print("第二档，需收取 50 元托运费")
if weight > 30:
    print("第三档，需收取 100 元托运费")
print("结束")
```

请输入您的行李重量(kg)：**11.3**
第一档，免收托运费
结束

（a）只用 if 语句的程序运行示例

```
weight = input("请输入您的行李重量(kg)：")
weight = float(weight)
if weight <= 30:
    if weight <= 20:
        print("第一档，免收托运费")
    else:
        print("第二档，需收取 50 元托运费")
else:
    print("第三档，需收取 100 元托运费")
print("结束")
```

请输入您的行李重量(kg)：**33.2**
第三档，需收取 100 元托运费
结束

（b）用嵌套语句的程序运行示例

图 3-13　两种程序运行示例

3.4.2 if、else、elif 语句同时使用

编写程序时，有时需要同时使用 if、else、elif 语句。比如前文中成绩分级的程序，使用者输入分数后，系统会输出分数对应的层级。有时使用者会因疏忽导致输入的分数出错，这个时候就需要对错误的分数进行处理，我们可以同时使用 if、else、elif 语句来编写程序，帮助我们判别错误分数。程序如下所示。

```
a = input(" 请输入学生分数 ")
a = int(a)
if 0 <=a < 60:
    print(" 成绩不合格 ")
elif 60 <= a < 70:
    print(" 成绩合格 ")
elif 70 <= a < 80:
    print(" 成绩良好 ")
elif 80 <= a < 90:
    print(" 成绩优秀 ")
elif 90 <= a <= 100:
    print(" 成绩非常优秀 ")
else:
    print(" 输入的成绩有误，请检查后重新输入 ")
print(" 结束 ")
```

在原有代码的基础上，我们将第一个条件表达式 "if a < 60" 改为 "if 0 <= a < 60"，并在结束前，加上了一个 else 语句，如果使用者输入 0 ～ 100 以外的数字，系统就会执行 else 语句下的命令，告诉我们输入的成绩有误。下面我们看看运行结果（如图 3-14 所示）。

```
a = input("请输入学生分数")
a = int(a)
if 0 <= a < 60:
    print("成绩不合格")
elif 60 <= a < 70:
    print("成绩合格")
elif 70 <= a < 80:
    print("成绩良好")
elif 80 <= a < 90:
    print("成绩优秀")
elif 90 <= a <= 100:
    print("成绩非常优秀")
else:
    print("输入的成绩有误，请检查后重新输入")
print("结束")
```

```
请输入学生分数133
输入的成绩有误，请检查后重新输入
结束
```

图 3-14　if、else、elif 语句一起使用的程序运行示例

在图 3-14 中，输入的分数是 133，但是满分是 100，所以这个分数明显是错误的。程序发现了这是一个不在 0 ～ 100 范围内的数字，所以输出"输入的成绩有误，请检查后重新输入"来提醒我们。

随着人们生活水平的提高，肥胖的人数不断增加。小明想给家人做一次肥胖测试。在网上查找资料时，小明知道了一个叫作 BMI 的指数。BMI 指数是世界卫生组织推荐的国际统一使用的肥胖分型标准，它有一个专门的计算公式。

BMI = 体重 (kg) / [身高 (m)]^2

我国成年人的不同 BMI 所对应的身体情况如表 3-2 所示。

表 3-2　我国成年人的不同 BMI 所对应的身体情况

BMI	身体情况
BMI < 18.5	低体重
18.5 ≤ BMI < 24	健康
24 ≤ BMI < 28	超重
28 ≤ BMI < 32.5	轻度肥胖
32.5 ≤ BMI < 37.5	中度肥胖
37.5 ≤ BMI< 50	重度肥胖
50 ≤ BMI	极重度肥胖

　　小明想编写一个程序，只需输入用户体重（以千克为单位）和身高（以米为单位），计算 BMI，最后根据 BMI 的具体数值输出"低体重""健康""超重""轻度肥胖""中度肥胖""重度肥胖"或"极重度肥胖"的信息。

　　编写的代码如下所示。

```
m = float(input(" 请输入身高，单位是米： "))
t = float(input(" 请输入体重，单位是千克： "))
BMI = t / (m ** 2)
if BMI < 18.5:
    print(" 低体重 ")
elif 18.5<= BMI < 24:
    print(" 健康 ")
elif 24 <= BMI < 28:
    print(" 超重 ")
elif 28 <= BMI < 32.5:
    print(" 轻度肥胖 ")
elif 32.5<= BMI < 37.5:
```

```
    print(" 中度肥胖 ")
elif 37.5 <= BMI < 50:
    print(" 重度肥胖 ")
else:
    print(" 极重度肥胖 ")
print(" 结束 ")
```

运行这段代码，看是否可以得到我们想要的结果（如图 3-15 所示）。

```
m = float(input("请输入身高，单位是米："))
t = float(input("请输入体重，单位是千克："))
BMI = t / (m ** 2)
if BMI < 18.5:
    print("低体重")
elif 18.5 <= BMI < 24:
    print("健康")
elif 24 <= BMI < 28:
    print("超重")
elif 28 <= BMI < 32.5:
    print("轻度肥胖")
elif 32.5 <= BMI < 37.5:
    print("中度肥胖")
elif 37.5 <= BMI < 50:
    print("重度肥胖")
else:
    print("极重度肥胖")
print("结束")

请输入身高，单位是米：1.75
请输入体重，单位是千克：75
超重
结束
```

图 3-15　肥胖测试程序运行示例

3.4.3 练一练

下面有 3 道题，请你把对应的代码写出来，并使其能够正常运行。

（1）小明想对同学的身高进行测量，并会对不同的身高进行分类。身高在 140 厘米及以下的是比较矮；身高在 140 厘米和 150 厘米（不包括 140 厘米和 150 厘米）之间的是正常；身高在 150 厘米（包括 150 厘米）和 160 厘米（不包括 160 厘米）之间的是比较高；身高在 160 厘米及以上的是非常高。请你用 Python 帮小明写一段程序，对学生身高进行分类。要求使用嵌套语句，并画出对应的流程图。

（2）有一个研究机构想对学生家和学校之间的距离进行研究，距离在 500 米及以内的是非常近，距离在 500 米和 1 000 米（不包括 500 米和 1 000 米）之间的是正常，距离在 1 000 和 1 500 米（包括 1 000 米，不包括 1 500 米）之间的是比较远；距离在 1 500 米及以上的是非常远。请你用 Python 帮研究机构写一段程序，对学生家和学校之间的距离进行分类。要求使用嵌套语句，并画出对应的流程图。

（3）小刚的村子里有一家养鸡场，小刚想统计一下养鸡场每天的鸡蛋产量，500 个及以下是产量少；500 个到 700 个（不包括 500 个和 700 个）是产量正常；700 个及以上是产量多。请你用 Python 帮小刚写一段程序，对养鸡场每天的鸡蛋产量进行分类。要求使用嵌套语句，并同时使用 if、elif、else 语句，再画出对应的流程图。

4

魔法大楼第二层
——循环魔法

4.1 遍历循环：for 循环

for 这个单词是"为了"的意思，而在编程的世界里，for 这个单词表示一种循环。

循环语句也被称为重复语句，它的作用是可以重复执行某段代码，比如当我们想把自己的名字输出一万次时，除了可以使用 print() 函数把自己的名字输入一次后"*10000"以外，还可以使用循环语句来达到目的。

4.1.1 赋值运算符

赋值运算符的名称及解释如表 4-1 所示。

表 4-1　赋值运算符的名称及解释

赋值运算符	名　称	解　释
=	简单的赋值运算符	c = 1 表示把 1 赋值给 c
+=	加法赋值运算符	c += a 等效于 c = c + a
-=	减法赋值运算符	c -= a 等效于 c = c - a
*=	乘法赋值运算符	c *= a 等效于 c = c * a
/=	除法赋值运算符	c /= a 等效于 c = c / a
%=	取模赋值运算符	c %= a 等效于 c = c % a
**=	次幂赋值运算符	c **= a 等效于 c = c ** a
//=	取整除赋值运算符	c //= a 等效于 c = c // a

在了解了这些赋值运算符之后，我们可以进行一些练习，来巩固所

学的知识（如图 4-1 所示）。

```
m = 2
m += 3
print(m)
```

5

```
m = 5
m -= 4
print(m)
```

1

图 4-1　赋值运算符运行示例

赋值运算符的优先级低于算术运算符和比较运算符（如图 4-2 所示）。

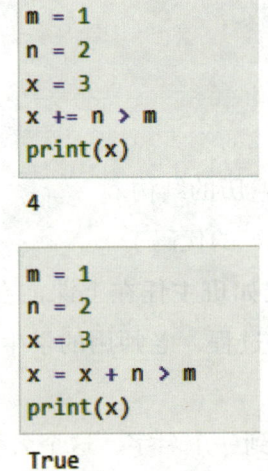

```
m = 1
n = 2
x = 3
x += n > m
print(x)
```

4

```
m = 1
n = 2
x = 3
x = x + n > m
print(x)
```

True

图 4-2　对应优先级运行示例

　　在图 4-2 中的第一个程序中，x += n > m 这个式子会先算 n > m，也就是 2 > 1，2 > 1 是个真值，数字 1 代表着真值，所以这个式子下一步就变为了 x += 1，所以最终输出的是 4。

　　在图 4-2 中的第二个程序中，x = x + n > m 这个式子会先算 x + n，也就是 3 + 2（因为算术运算符的优先级大于比较运算符），所以这个式子下一步就变成了 x = 5 > m，再接着算 5 > m，也就是 5 > 1，这是真值 True，最终结果就是 x = True，所以最终输出的是 True。

注意：我们使用的 JupyterLab 是有着上下文联系的，比如我们在第一个输入框中，对变量 m 赋值之后运行，若没有删除第一个对话，则在之后的输入框中变量 m 也相当于被赋值了（如图 4-3 所示）。

```
m = 2
print(m)

2

print(m)

2
```

图 4-3　JupyterLab 是有着上下文联系的运行示例

4.1.2　for 循环

for 循环的格式如下。

for 循环变量 in 可以遍历的结构：

　　代码块　（重复执行的代码）

可以遍历的结构：比如班主任在上课前会点名，老师点名的过程，就是遍历所有学生名字的过程，老师用的学生名单就是一个可以遍历的结构。

循环变量：老师每点到一个名字，这个名字就会被放到循环变量里。

我们现在编写一个有关点名的 for 循环程序（如图 4-4 所示）。

```
mingdan = ["小明","小红","小刚","小杨","小陈"]
for rming in mingdan:
    print(rming)
```

小明
小红
小刚
小杨
小陈

图 4-4　for 循环运行示例

图 4-4 中的代码如下所示。

```
mingdan = [" 小明 "," 小红 "," 小刚 "," 小杨 "," 小陈 "]
for rming in mingdan:
    print(rming)
```

程序中 mingdan 是变量的名字，中括号"[ ]"代表列表数据类型，列表里可以包含很多元素，每个元素之间用英文逗号或者分号隔开。

使用 for 循环可以对列表进行遍历，从"小明"开始按顺序一直到"小陈"，元素"小明"排第 0 位（这里需要注意列表默认从 0 开始）。

关于列表的详细内容，我们将在后面的章节中详细介绍。

循环结构有很多优点，最大的优点是可以提高效率。

比如，我们要计算 $1 \times 2 \times 3 \times 4 \times \cdots \times 21$ 等于多少，如果使用最基础的方法，就需要把这些数字全部输入进去，这样比较麻烦。如果我们采用循环结构，代码就会非常简洁。我们可以写出下面的代码。

```
jg = 1
sz = 2
for n in range(1,21,1):
    jg = jg * sz
```

```
sz = sz + 1
print(jg)
```

运行这段代码，看看运行结果如何（如图 4-5 所示）。

```
jg = 1
sz = 2
for n in range(1,21,1):
    jg = jg * sz
    sz = sz + 1
    print(jg)
2
6
24
120
720
5040
40320
362880
3628800
39916800
479001600
6227020800
87178291200
1307674368000
20922789888000
355687428096000
6402373705728000
121645100408832000
2432902008176640000
51090942171709440000
```

图 4-5 for 循环程序的运行示例

图 4-5 中的 range() 函数是一个内置函数，它的作用是生成一个有顺序的整数数列，它的格式为 range(起始数字 , 终止数字 , 步长)，如果不写步长的话则默认步长为 1。比如，range(0,7) 函数生成的是 0，1，2，3，

4，5，6。要注意程序不会生成最后的数字。再比如，range(0,12,3) 函数生成的是 0，3，6，9，同样不生成最后的数字。

如果我们把图 4-5 程序中的 n 打印出来，会打印出 1 到 20，也就是说循环了 20 次，每一次循环 jg 都会乘以一个 sz，而每一次循环 sz 都会加 1，所以最后就会得到 $1 \times 2 \times 3 \times 4 \times \cdots \times 21$ 的结果。

4.1.3 enumerate() 函数

enumerate() 是一个内置函数，在 Python 中用于将一个可遍历结构（如列表、元组或字符串）组合成一个索引序列，同时返回索引和对应的元素。

比如，当我们想把名字输出来的同时，在名字前面加上序号，这时我们就可以使用 enumerate() 函数（如图 4-6 所示）。

```
mingdan = ["小明","小红","小刚","小杨","小陈"]
for n,rming in enumerate(mingdan):
    print(f'{n}{rming}')

0小明
1小红
2小刚
3小杨
4小陈
```

图 4-6 enumerate() 函数运行示例

在图 4-6 中，代码是这样的：

```
mingdan = [" 小明 "," 小红 "," 小刚 "," 小杨 "," 小陈 "]
for n,rming in enumerate(mingdan):
    print(f'{n} {rming}')
```

在这段代码中，我们使用了 enumerate() 函数，而且使用了 n 来接收序号，所以在输出函数中将变量 n 和变量 rming 一起输出来。

在这段代码的输出中，我们使用了一个小技巧，print(f'{n}{rming}')中字母 f 的意思是拼接，把大括号里面的 n 和 rming 拼接在一起。这是一个非常好用的小技巧，使用这个方式不仅可以拼接两个变量，还可以拼接其他的字符串或者文字和变量（如图 4-7 所示）。

```
mingdan = ["小明","小红","小刚","小杨","小陈"]
for n,rming in enumerate(mingdan):
    print(f'{n}号是{rming}')

0号是小明
1号是小红
2号是小刚
3号是小杨
4号是小陈
```

图 4-7 输出函数中 f 使用技巧示例

4.1.4 练一练

下面有 3 道题，请你把对应的代码写出来，使其能够正常运行，并得到正确结果。

（1）小明新学了一个知识"阶乘"，阶乘的概念很简单，比如数字 5 的阶乘是 $5 \times 4 \times 3 \times 2 \times 1$，也就是从 5 一直乘到 1，数字 6 的阶乘是从 6 开始一直乘到 1，小明想算一下数字 18 的阶乘，请你用 Python 帮小明写一段程序，使用 for 循环来计算数字 18 的阶乘。

（2）小刚突发奇想，想把自己知道的所有水果的名字通过编程输出来，请你用 Python 帮小刚写一段程序，使用 for 循环和 enumerate() 函数来完成输出，要求最少要有 10 种水果。

（3）小红知道了小刚的打算之后，觉得只把水果名字输出来还不够，还应该给每一种水果进行编号。请你用 Python 写一段程序，使用 for 循环和 enumerate() 函数来输出编号和水果名，要求最少要有 10 种水果。

4.2　条件循环：while 循环

4.2.1　while 使用方式

在编程的世界里，while 的循环格式（注意事项为有英文冒号，执行语句前要空四格）如下。

while 条件表达式：

　　　执行语句（循环体）

只要满足条件表达式，循环会一直进行。

while 的运行方式如下：当程序运行到 while 循环语句时，程序先对 while 后面的条件表达式进行判断，判断这个条件表达式是真值（True）还是假值（False）。如果判断结果是真值（True），则执行循环中的语句（循环体），执行完成后，程序又会判断 while 后面的条件表达式。程序会不断重复上述流程，直到 while 后面的条件表达式的结果是假值（False），这个循环才会结束。

看到这里，有的小朋友可能会想到，如果 while 后面的条件表达式一直是真值（True），那么这个循环是不是就不会停止了？确实是这样，此时这个 while 循环就变成无限循环了。

比如，我们可以把 while 后面的条件表达式写成一个数字，就拿数字 1 举例，因为数字 1 代表的就是真值（True），所以这个 while 就变成了无限循环，永远不会停止（如图 4-8 所示）。

```
[5]:  while 1:
          print("编程世界")
      print("结束")
```

编程世界
编程世界
编程世界
编程世界
编程世界
编程世界
编程世界
编程世界
编程世界
编程世界
编程世界
编程世界
编程世界
编程世界
编程世界
编程世界
编程世界
编程世界
编程世界
编程世界

图 4-8　while 无限循环运行示例

　　如果我们不主动停止这个无限循环，这个程序就会一直运行下去，消耗电脑的大量算力，最终导致电脑死机，所以一般不使用无限循环。

　　为避免使用无限循环，我们可以采用下面的方式。

　　比如，我们想把名字"小明"输出 10 次，可以用 while 循环语句编写程序如下。

```
i = 1
while i <= 10:
    print(f'{i} 小明 ')
```

```
        i = i + 1
    print(' 已输出十遍 ')
```

接下来解释一下这段代码。首先定义一个变量 i，并且把这个变量的初始值设为 1。接下来是 while 循环，循环的条件表达式是判断变量 i 是不是小于或者等于 10，如果是就进行循环，如果不是就停止循环。刚开始变量 i 等于 1，即小于 10，进入循环，循环里的执行语句是输出变量 i 和小明，这时会输出 "1 小明"；下一步变量 i 加 1，并返回 while 循环，直到第 10 次循环后，i 变成了 11，条件表达式 "i <= 10" 是假值（False），循环结束，最后输出 "已输出十遍"，到这里这个代码就运行结束了。

我们运行这段代码，看看是不是可以得到我们想要的结果（如图 4-9 所示）。

```
i = 1
while i <= 10:
    print(f'{i}小明')
    i = i + 1
print('已输出十遍')
```
```
1小明
2小明
3小明
4小明
5小明
6小明
7小明
8小明
9小明
10小明
已输出十遍
```

图 4-9 while 循环 10 遍运行示例

我们也可以使用流程图直观地看一下这个程序是怎样运行的（如图 4-10 所示）。

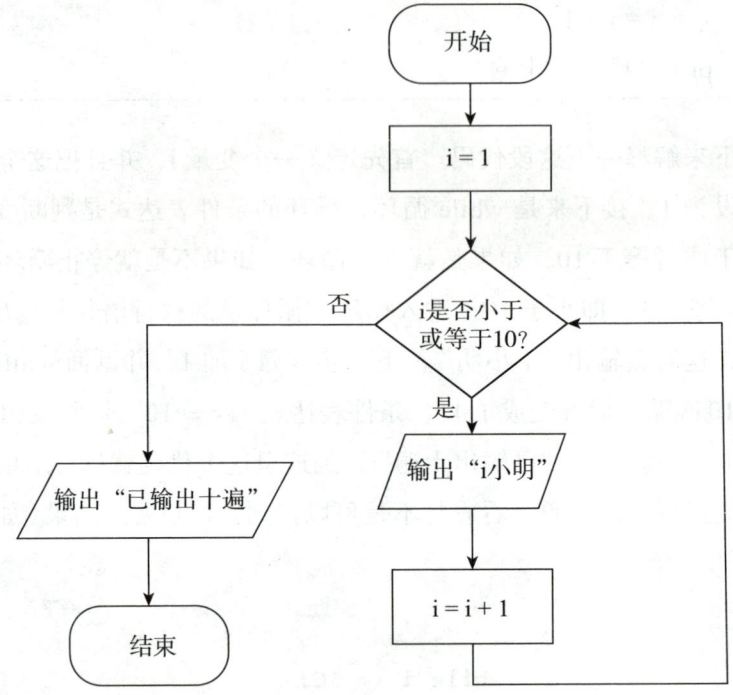

图 4-10 while 循环 10 遍流程图

4.2.2 while 的无限循环应用

我们知道如果 while 后面的表达式永远是真值的话，那么这个循环就会变成无限循环，而无限循环会让电脑死机，所以一般不用无限循环。

这并不代表无限循环一点用处也没有。只需改动一下，无限循环也能得到应用，比如我们可以让这个循环每隔一段时间运行一遍，也就是给它加上时间间隔，这样就可以得到一个计时器代码，代码如下。

```python
import time
n = 0
while 1:
    print(f' 已过去 {n} 秒 ')
```

```
        n += 10
        time.sleep(10)
print(" 结束 ")
```

在这段代码里面，import time 代码引入时间模块，"time.sleep(10)" 表示使程序停顿 10 秒，所以代码在运行时每过 10 秒才会进行下一次循环。这段代码相当于一个计时器，我们只要改动间隔的时间就可以得到不同的时间记录代码了（如图 4-11 所示）。

```
import time
n = 0
while 1:
    print(f'已过去{n}秒')
    n += 10
    time.sleep(10)
print("结束")
```

已过去0秒
已过去10秒
已过去20秒
已过去30秒
已过去40秒
已过去50秒
已过去60秒
已过去70秒
已过去80秒
已过去90秒
已过去100秒
已过去110秒
已过去120秒
已过去130秒
已过去140秒
已过去150秒
已过去160秒

图 4-11　时间记录代码运行示例（部分截图）

4.2.3 while 的嵌套循环

之前学了嵌套语句，接下来我们学习嵌套循环。

你可以把嵌套循环想象成俄罗斯套娃，循环里面可以嵌套无数个循环。嵌套循环的层数不要太多，一是为了代码简洁，容易检查；二是避免出错。while 的嵌套循环格式如下。

while 条件表达式：

    执行语句

    while 表达式：

        执行语句

我们来做一个小练习，比如用类似信件开头的格式向好朋友打个招呼，我们可以这样写对应的代码，代码如下。

```
import time
m = 1
while m < 3:
    print(" 朋友 : ")
    n = 1
    while n <= 3:
        print("\t 你好啊。")
        n += 1
    m += 1
print(" 结束 ")
```

在这段代码里，我们使用了转义符 \t，这个转义符的意思是空八格。

我们运行这段代码，看看是不是可以得到我们想要的结果（如图 4-12 所示）。

```
import time
m = 1
while m < 3:
    print("朋友：")
    n = 1
    while n <= 3:
        print("\t你好啊。")
        n += 1
    m += 1
print("结束")
```

朋友：

  你好啊。

  你好啊。

  你好啊。

朋友：

  你好啊。

  你好啊。

  你好啊。

结束

图 4-12 while 嵌套循环运行示例

我们也可以使用流程图直观地看一下这个程序是怎样运行的（如图 4-13 所示）。

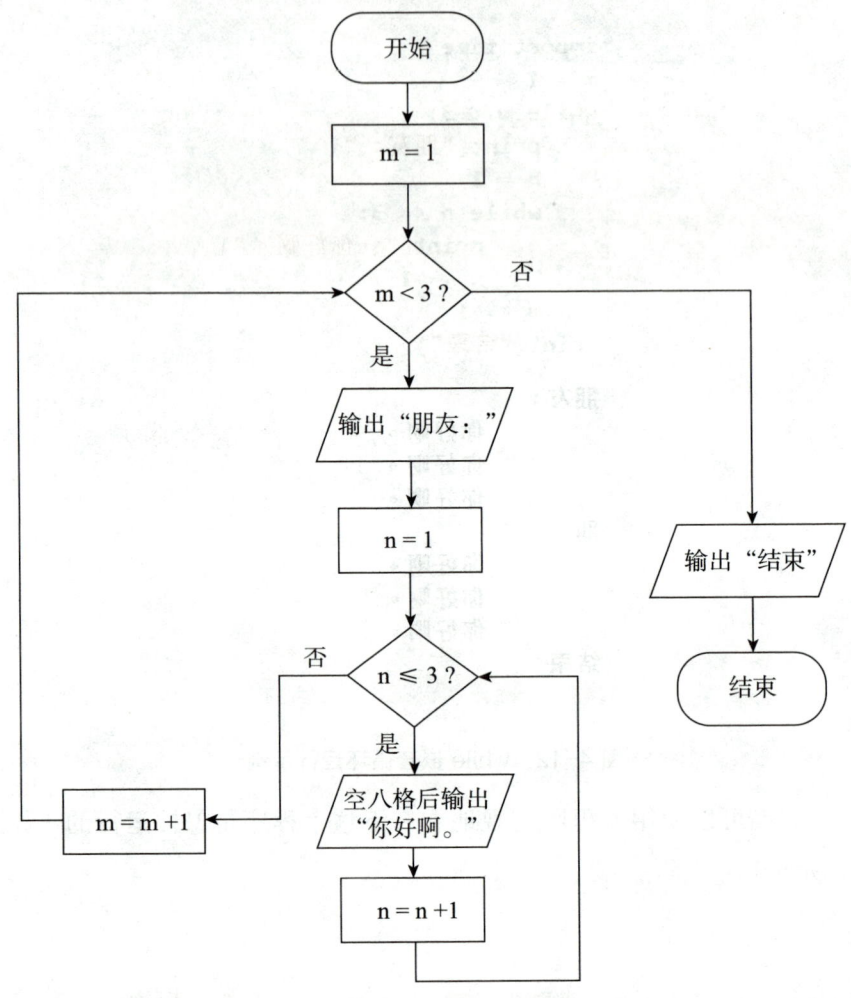

图 4-13 while 嵌套循环流程图

你肯定学过九九乘法表，我们可以通过编程写出一个类似的乘法表。

我们可以用while的嵌套循环来编写6×6的乘法表，对应的代码如下。

```
m = 1
while m <= 6:
    n = 1
```

```
while n <= m:
    print(f'{m} × {n}={m*n}',end = "  ")
    n = n + 1
print()
m = m + 1
print(" 结束 ")
```

接下来解释下这段代码，首先从数字 1 开始，将其赋值给变量 m，然后进入第一个循环（外边的循环），只要 m 小于或者等于 6，就会一直执行这个循环内的代码。

每次进入第一个循环时，变量 n 都会被重置为 1。进入第二个循环（嵌套的循环）后，只要 n 小于或等于 m，就会一直执行嵌套循环内的代码。

在第二个循环中，我们使用 print() 函数输出相应的乘法表达式，而且在 print() 函数后面，我们把它隐藏的换行符变成了两个空格，这样每一个乘法式子之间就会有一定间隔。

每次输出一个乘法表达式后，我们将 n 的值加 1，以便进行下一行的计算，第二个循环不断重复，直到 n 的值大于 m。

第二个循环结束后，使用 print() 函数进行换行，这样就可以另起一行再输出。最后直到 m 的值大于 6，程序结束。

在了解了这段代码的运行流程之后，我们看看这段代码的运行结果（如图 4-14 所示）。

```
m = 1
while m <= 6:
    n = 1
    while n <= m:
        print(f'{m}x{n}={m*n}',end = "  ")
        n = n + 1
    print()
    m = m + 1
print("结束")
```

```
1x1=1
2x1=2   2x2=4
3x1=3   3x2=6   3x3=9
4x1=4   4x2=8   4x3=12   4x4=16
5x1=5   5x2=10  5x3=15   5x4=20   5x5=25
6x1=6   6x2=12  6x3=18   6x4=24   6x5=30   6x6=36
结束
```

图 4-14 6×6 乘法表程序运行示例

现在我们知道了运行结果，也得到了 6×6 的乘法表，接下来你可以尝试着画一下这一段程序的运行流程图。

4.2.4 练一练

下面有 3 道题，请你把对应的代码写出来，并使其能够正常运行。

（1）小明新学了一个知识"阶乘"，阶乘的概念很简单，比如数字 5 的阶乘是 5×4×3×2×1，也就是从 5 一直乘到 1，数字 6 的阶乘是从 6 一直乘到 1。小明想算一下数字 18 的阶乘，请你用 Python 帮小明写一段程序来计算，要求使用 while 循环，并画出流程图。

（2）小刚突发奇想，想把自己知道的所有水果的名字通过编程输出来，请你用 Python 帮小刚写一段程序来输出水果名，要求使用 while 循环，并画出流程图。

（3）小红知道了小刚的打算之后，觉得只把水果名字输出来还不够，还应该给每一种水果进行编号。请你用 Python 帮小红写一段程序来达到目的，要求使用 while 循环，并画出流程图。

4.3　控制大师：break 和 continue

4.3.1　break 退出整个循环

有这样一个问题，在一个不透明的大瓶子里有 100 颗玻璃珠。这个瓶子的瓶口很小，每次只能倒出来一颗玻璃珠。小明只知道这 100 颗玻璃珠里有一颗蓝色的玻璃珠，其他 99 颗都是无色的。如何才能找出这颗蓝色的玻璃珠呢？

因为这个瓶子的瓶口很小，一次只能倒出来一颗玻璃珠，所以我们只能一颗一颗地往外倒，直到蓝色的那一颗玻璃珠被倒出来为止。我们找到蓝色的玻璃珠之后，还用继续往外倒玻璃珠吗？当然不用了，因为我们已经找到了！

我们可以把从瓶子里的 100 颗玻璃珠中找蓝色玻璃珠的过程当作一段程序，那么从瓶子往外倒玻璃珠就相当于循环，每倒出一颗玻璃珠就相当于循环一次，那么找出蓝色玻璃珠之后就应该停止循环。

如果找到蓝色玻璃珠之后不停止循环，瓶子中的所有玻璃珠都会被倒出来，程序就做了很多无用功。那么我们该如何终止循环呢？

在前面的章节中我们已经学习了 for 循环和 while 循环，其中 for 循环可根据列表的长度来控制退出，while 循环可以根据表达式的真假来控制退出。

除了上述两种退出循环的方式，我们还可以使用 break 退出整个循环，或者使用 continue 跳出当前循环，然后进行下一轮循环（跳出循环即 continue 之后的代码不再被执行）。

在学习使用 break 和 continue 之前，我们先看下面这段代码。

```
a = input(" 请问你要查找什么颜色的玻璃珠: ")
P = [" 无色透明 "," 无色透明 "," 无色透明 "," 无色透明 "," 蓝
色透明 "," 无色透明 "," 无色透明 "]
for i in P:
    if i == a:
        print(f' 已找到 {a} 玻璃珠 ')
    else:
        print(' 没有找到 ')
print(' 结束 ')
```

这段代码并没有使用 break 和 continue，其运行结果（如图 4-15 所示）。

```
a = input("请问你要查找什么颜色的玻璃珠: ")
P = ["无色透明","无色透明","无色透明","无色透明","蓝色透明","无色透明","无色透明"]
for i in P:
    if i == a:
        print(f'已找到{a}玻璃珠')
    else:
        print('没有找到')
print('结束')
```

请问你要查找什么颜色的玻璃珠: 蓝色透明
没有找到
没有找到
没有找到
没有找到
已找到蓝色透明玻璃珠
没有找到
没有找到
结束

图 4-15 找蓝色玻璃珠代码运行示例

在图 4-15 所示的代码中，变量 P 相当于装着玻璃珠的不透明瓶子，for 循环相当于往外一颗一颗地倒玻璃珠的过程，循环一次相当于倒出一颗玻璃珠。如果是无色透明的玻璃珠就输出"没有找到"，如果是蓝色透明的玻璃珠就输出"已找到蓝色透明玻璃珠"。

但是在找到蓝色透明玻璃珠之后，这个循环并没有停止，一直把所有的元素都判断一遍后，循环才结束。这就相当于在找到蓝色透明玻璃珠之后，依然往外倒玻璃珠，直到把瓶子中的玻璃珠全都倒出来才停止。

我们怎样防止这种情况的发生呢？可以使用 break 退出整个循环。

break 的使用方法很简单，在完成任务的代码的下一行写上 break 即可。我们用刚刚的程序试一试，代码如下。

```
a = input(" 请问你要查找什么颜色的玻璃珠：")
P = [" 无色透明 "," 无色透明 "," 无色透明 "," 无色透明 "," 蓝色透明 "," 无色透明 "," 无色透明 "]
for i in P:
    if i == a:
        print(f' 已找到 {a} 玻璃珠 ')
        break
    else:
        print(' 没有找到 ')
print(' 结束 ')
```

加上 break 的代码运行结果（如图 4-16 所示）。

```
a = input("请问你要查找什么颜色的玻璃珠：")
P = ["无色透明","无色透明","无色透明","无色透明","蓝色透明","无色透明","无色透明"]
for i in P:
    if i == a:
        print(f'已找到{a}玻璃珠')
        break
    else:
        print('没有找到')
print('结束')
```

```
请问你要查找什么颜色的玻璃珠： 蓝色透明
没有找到
没有找到
没有找到
没有找到
已找到蓝色透明玻璃珠
结束
```

图 4-16　使用 break 的找蓝色玻璃珠代码运行示例

对比图 4-15 和图 4-16 两张图片中代码的运行结果，图 4-16 所示代码的运行结果更符合要求。当达到要求后，break 会使程序自动退出循环，而不是持续地消耗算力。

4.3.2　continue 跳出当前循环

小明所在的年级下午要举办一场拔河比赛，老师让小明统计班级里面都有谁参加，有没有因身体不舒服而不能参加的。小明接到任务后挨个找班里同学确认情况，最后发现小刚感冒了，不能参加比赛。

小明在了解完情况之后，把学生的名字写在了一个列表里，打算写一段程序帮助自己完成任务。只要输入学生的名字，这段程序就会自动地在列表中查找，并将每个学生的情况都输出来，其中只有小刚因为感冒不能参加比赛，其他人都可以参加，对应的代码如下。

```
a = input(" 请输入得病的学生姓名: ")
P = [" 小明 "," 小红 "," 小刚 "," 小杨 "," 小陈 "," 小王 "]
for i in P:
    if i == a:
```

```
        print(f'{i} 感冒，不能参加比赛 ')
    else:
        print(f' 经了解，{i} 可以参加比赛 ')
print(' 结束 ')
```

这段代码的运行结果（如图 4-17 所示）。

```
a = input("请输入得病的学生姓名：")
P = ["小明","小红","小刚","小杨","小陈","小王"]
for i in P:
    if i == a:
        print(f'{i}感冒，不能参加比赛')
    else:
        print(f'经了解，{i}可以参加比赛')
print('结束')
```

```
请输入得病的学生姓名： 小刚
经了解，小明可以参加比赛
经了解，小红可以参加比赛
小刚感冒，不能参加比赛
经了解，小杨可以参加比赛
经了解，小陈可以参加比赛
经了解，小王可以参加比赛
结束
```

图 4-17　查找学生情况的代码运行示例

这段代码使用 else 实现查看所有学生的效果，还可以使用 continue 实现类似的效果。使用 continue 的代码要比使用 else 的代码简洁许多，对应代码如下。

```
a = input(" 请输入得病的学生姓名：")
P = [" 小明 "," 小红 "," 小刚 "," 小杨 "," 小陈 "," 小王 "]
for i in P:
    if i == a:
        print(f'{i} 感冒，不能参加比赛 ')
```

```
        continue
    print(f' 经了解，{i} 可以参加比赛 ')
  print(' 结束 ')
```

运行这段代码，看看是不是和使用 else 的代码效果类似（如图 4-18 所示）。

```
a = input("请输入得病的学生姓名：")
P = ["小明","小红","小刚","小杨","小陈","小王"]
for i in P:
    if i == a:
        print(f'{i}感冒，不能参加比赛')
        continue
    print(f'经了解，{i}可以参加比赛')
print('结束')
```

```
请输入得病的学生姓名： 小刚
经了解，小明可以参加比赛
经了解，小红可以参加比赛
小刚感冒，不能参加比赛
经了解，小杨可以参加比赛
经了解，小陈可以参加比赛
经了解，小王可以参加比赛
结束
```

图 4-18　使用 continue 的代码运行示例

图 4-18 所示的代码中，当 i 为 "小刚" 时才运行以下代码：

```
print(f'{i} 感冒，不能参加比赛 ')
```

当执行到 continue，程序直接跳出该次循环，而不执行 continue 后的以下代码：

```
print(f' 经了解，{i} 可以参加比赛 ')
```

所以在输出结果里没有 "经了解，小刚可以参加比赛"。

4.3.3 练一练

下面有两道题，请你把对应的代码写出来，并使其能够正常运行。

（1）经过调查，小明得知班里同学们的生日，其中只有小红的生日在一月份。请你使用 for 循环写一段程序，从"小明""小红""小刚""小杨""小陈""小王"这些人名中找到小红，要求在找到小红后就终止循环。

（2）小明经过仔细思考后觉得，只从名字列表中找到小红还不够，应该在找到小红后输出"小红的生日是一月份"，当找到的是其他的人名时，输出该人名并在其后加上"的生日不是一月份"。请你使用 for 循环写一段程序，并使用 continue 跳出循环。

5

魔法大楼第三层
——召唤魔法

5.1 赐予我力量吧：定义函数

5.1.1 什么是函数

我们可以把编程里的函数理解成特殊的变量，变量的名字就是函数的名字，只是这个变量被赋予了一定的功能，相当于我们为实现特定功能的代码起了一个专门的名字，之后可以使用这个名字，来重复使用这段代码，我们把这种有名字的代码叫作函数。

需要注意的是，我们创建一个函数后，必须调用这个函数的名字才能让函数生效，否则定义函数的这段代码是不会生效的。

5.1.2 如何定义一个函数

我们先来学习一个英文单词——define，这个单词的中文含义是"定义"。我们在定义一个函数时，使用的就是 define 的缩写 def。

定义函数的方式如下：

def 函数名字 (a,b)：

    函数体

其中，(a,b) 中的 a、b 被称为形参，是一种变量。需要注意的是，括号里可以空着，但是括号必须有。

函数调用的方式如下：

函数名字 (1,2)

(1,2) 中的 1 和 2 是传递的参数，叫作实参，分别对应着形参中的 a 和 b，实参和形参必须相互对应，这样函数调用后就可以在函数内对 1 和 2 进行处理了。

例如小刚就要过生日了，同学们打算在小刚生日的那一天给他一些惊喜。每个人都在发挥自己的想象力和特长，小明也不例外。小明想通过编程的方式祝小刚生日快乐，在查找资料后小明打算写一个函数，这个函数只要被使用，就会输出"祝小刚生日快乐"，下面是小明写的代码。

```python
def happy():
    print(" 祝小刚生日快乐 ")
happy()
```

运行这段代码，看看能不能得到我们想要的效果（如图 5-1 所示）。

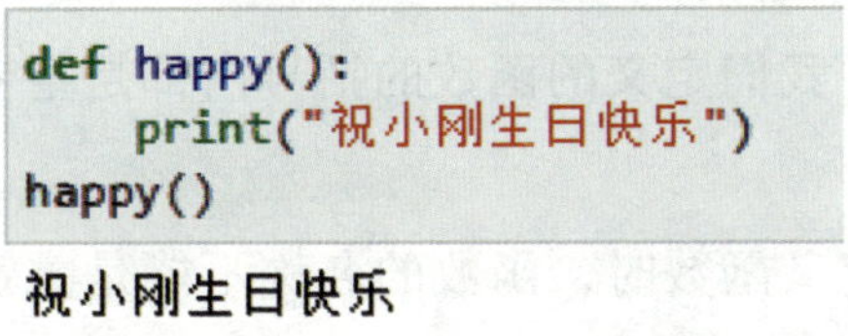

```python
def happy():
    print("祝小刚生日快乐")
happy()
```

祝小刚生日快乐

图 5-1　定义函数运行示例

小明觉得只有一句话不太真诚，所以打算更改这个函数，输出三遍"祝小刚生日快乐"。下面是小明更改后的代码。

```python
def happy():
    for i in range(0,3):
        print(" 祝小刚生日快乐 ")
happy()
```

运行这段代码，运行结果如图 5-2 所示。

```
def    happy():
        for i in range(0,3):
            print("祝小刚生日快乐")
happy()
```

祝小刚生日快乐
祝小刚生日快乐
祝小刚生日快乐

图 5-2　更改所定义函数后的运行示例

在图 5-1 和图 5-2 所示代码中，我们把函数命名为 happy()，函数体是输出"祝小刚生日快乐"，也就是说只要我们调用函数 happy()，就可以输出"祝小刚生日快乐"。

上面的例子中我们定义的函数的括号内都是空着的，我们也可以在括号内加入参数。

注意，我们定义函数时，函数的名称不能是关键字。这里提供一个非常好用的小技巧，如果定义的函数名字的颜色变为绿色，那就说明这个名字是关键字，是不能用的；如果是蓝色的，则说明这个名字是没有问题的，是可以使用的。

小明在学校学习了一个新的数学知识——平均数。平均数的计算方法是把一组数据中所有数据相加，用相加后得到的和除以这组数据的个数。小明知道了平均数如何计算之后，打算用 Python 写一个函数，这个函数可以直接计算 5 个数的平均数，然后输出来，你能帮帮小明吗？

函数名字只要不是关键字，不论是英文还是汉字都是可以使用的，比如我们可以把小明想创建的函数命名为"平均数"，下面就是对应的代码。

```
def 平均数 (a,b,c,d,e):
    print((a + b + c + d + e) / 5)
```

在这段代码中，我们把求平均数这个函数命名为"平均数"。因为我们要求的是 5 个数的平均数，所以定义的函数括号里有 5 个形参。当我们调用函数时，需要在括号里写上 5 个数字，这 5 个数字就是实参，函数会对这 5 个数字进行运算。

比如，现在我们计算一下 33，45，12，9，78 这 5 个数字的平均数，对应的运行结果（如图 5-3 所示）。

```
def 平均数(a,b,c,d,e):
    print((a + b + c + d + e) / 5)
平均数(33,45,12,9,78)

35.4
```

图 5-3　定义平均数函数运行示例

除了在括号中直接给定实参外，我们还可以逐个输入 5 个数字，将这 5 个数字传入函数中求出平均数，下面是对应的代码。

```
def 平均数 (a,b,c,d,e):
    print((a + b + c + d + e) / 5)
a = int(input(" 请输入第一个数字："))
b = int(input(" 请输入第二个数字："))
c = int(input(" 请输入第三个数字："))
d = int(input(" 请输入第四个数字："))
e = int(input(" 请输入第五个数字："))
平均数 (a,b,c,d,e)
```

在这段代码中，我们需要依次输入 5 个数字，然后就可以得到这 5 个数字的平均数，接下来我们运行这段程序（如图 5-4 所示）。

```
def 平均数(a,b,c,d,e):
    print((a + b + c + d + e) / 5)
a = int(input("请输入第一个数字："))
b = int(input("请输入第二个数字："))
c = int(input("请输入第三个数字："))
d = int(input("请输入第四个数字："))
e = int(input("请输入第五个数字："))
平均数(a,b,c,d,e)
```

```
请输入第一个数字：   33
请输入第二个数字：   45
请输入第三个数字：   12
请输入第四个数字：   9
请输入第五个数字：   78
35.4
```

图 5-4　调用平均数函数运行示例

5.1.3　返回函数

任何函数都有返回值。返回值是函数执行完毕后提供给调用者的结果。在编程中，函数或方法执行特定的任务后，可能会产生一些数据或结果，这些数据或结果需要通过返回值传递给调用者，以便调用者可以根据这些结果进行进一步的处理或决策。

在 Python 中，可以用 return 返回函数的返回值。return 的中文意思是"返回"。在调用函数的时候，如果不使用 return 返回任何内容，那么系统就会默认返回 None，下面是不使用 return 的代码。

```
def 平均数 (a,b,c,d,e):
    print((a + b + c + d + e) / 5)
x = 平均数 (33,45,12,9,78)
print(x)
```

运行这段代码，运行结果如图 5-5 所示。

```
def 平均数(a,b,c,d,e):
    print((a + b + c + d + e) / 5)
x = 平均数(33,45,12,9,78)
print(x)
```

```
35.4
None
```

图 5-5 不使用 return 返回函数的运行示例

使用 return 的函数会是什么样呢？下面是使用 return 的函数代码。

```
def 平均数 (a,b,c,d,e):
    return (a + b + c + d + e) / 5
x = 平均数 (33,45,12,9,78)
print(x)
```

使用 return 后函数就不会返回 None 了，这段代码的运行结果如图 5-6 所示。

```
def 平均数(a,b,c,d,e):
    return (a + b + c + d + e) / 5
x = 平均数(33,45,12,9,78)
print(x)
```

```
35.4
```

图 5-6 使用 return 返回函数的运行示例

我们定义的函数还可以对多个形参进行分别处理，这个时候我们可以使用 return 返回多个值（如图 5-7 所示）。

```
def product(a,b):
    return a - 1,b + 6
x,y = product(2,3)
print(x,y)

1 9
```

图 5-7　使用 return 返回多个值运行示例

5.1.4　参数的传递

形参和实参的位置要相互匹配，比如两个形参分别代表排名和分数，在调用函数的时候，需要按顺序传递实参，不能乱了顺序。

小明定义了一个有关两个数相除的函数，结果发现传递参数的顺序不同，最后的结果也会不同，下面是小明所写的代码。

```
def chufa(a,b):
    return a / b
n = chufa(20,5)
m = chufa(5,20)
print(n)
print(m)
```

这段代码对应的运行结果如图 5-8 所示。

```
def chufa(a,b):
    return a / b
n = chufa(20,5)
m = chufa(5,20)
print(n)
print(m)

4.0
0.25
```

图 5-8　参数位置不同的运行示例

此外，函数中的参数的值也可以是固定的，我们在定义函数的时候，可以为参数设置一个默认值。

将参数设置成默认值的格式如下：

def 函数名（a,b = 2）

　函数体

在这个自定义函数中，我们将 b 设置为 2。在调用这个函数的时候，如果我们没有向 b 传递新的数值，那么 b 的值就会默认为 2；如果传递了新的值，那么在运算时 b 的值就是新传递的值。

我们可以将图 5-8 所示的函数更改如下。

```python
def chufa(a,b = 2):
    return a / b
n = chufa(20)
m = chufa(20,5)
print(n)
print(m)
```

在更改后的代码中，函数 chufa(20) 传递了参数 a，并没有传递参数 b；函数 chufa(20,5) 除了传递参数 a，还给参数 b 新传递了一个值。我们运行这段代码，结果如图 5-9 所示。

```python
def chufa(a,b = 2):
    return a / b
n = chufa(20)
m = chufa(20,5)
print(n)
print(m)

10.0
4.0
```

图 5-9　设置默认参数对比运行示例

之前我们用循环语句编写了一个 6×6 的乘法表程序，我们可以把这段程序定义成一个函数，之后只要使用函数名，就可以调用乘法表，非常方便，下面是对应的代码。

```
def 乘法表 (x):
    m = 1
    while m <= x:
        n = 1
        while n <= m:
            print(f'{m} × {n}={m*n}',end = "  ")
            n = n + 1
        print()
        m = m + 1
乘法表 (6)
```

运行这段代码，结果如图 5-10 所示。

```
def 乘法表(x):
    m = 1
    while m <= x:
        n = 1
        while n <= m:
            print(f'{m}x{n}={m*n}',end = "  ")
            n = n + 1
        print()
        m = m + 1
乘法表(6)
```

```
1x1=1
2x1=2    2x2=4
3x1=3    3x2=6    3x3=9
4x1=4    4x2=8    4x3=12    4x4=16
5x1=5    5x2=10   5x3=15    5x4=20    5x5=25
6x1=6    6x2=12   6x3=18    6x4=24    6x5=30    6x6=36
```

图 5-10　乘法表设置成函数运行示例

有没有办法能让我们不用管参数顺序呢？办法自然是有的，我们可以在传递实参时，使用关键字参数来指定形参名字，这样就可以忽略参数的顺序（如图 5-11 所示）。

```
def 成绩(分数,排名):
    print(f'我考了{分数}分，年级第{排名}')
成绩(600,13)
```

我考了600分，年级第13

```
def 成绩(分数,排名):
    print(f'我考了{分数}分，年级第{排名}')
成绩(排名 = 13,分数 = 600)
```

我考了600分，年级第13

图 5-11　关键字参数指定形参运行示例

5.1.5　可变数量参数

我们之前定义的函数的参数都是有限个数，这就有一个问题，如果想定义一个可以处理很多参数的函数，这时候该怎么办呢？

我们可以使用可变长度参数。可变长度参数共分两种，一种是不含有关键字的参数，另一种是含有关键字的参数。

我们暂时不涉及含有关键字的参数，先主要学习不含有关键字的参数使用。

定义函数时使用不含有关键字的参数，格式如下：

def 函数名 (* 变量)：

　　for a in 变量 :

函数名 ()

小明想定义一个求乘积的函数，要求不论几个数字相乘都能输出乘积结果。在查找资料后，小明知道了可以使用不含关键字的参数来完成代码，下面是小明所写的代码。

```
def 乘积 (*cj):
    m = 1
    for x in cj:
        m = m * x
    print(m)
乘积 (3,5,6,12,43,21)
```

在上面的代码中，所定义的函数使用了不含有关键字的参数，这样不论有几个数字，都可以得到最后的乘积。运行这段代码，结果如图5-12 所示。

```
def 乘积 (*cj):
    m = 1
    for x in cj:
        m = m * x
    print(m)
乘积 (3,5,6,12,43,21)

975240
```

```
def 乘积 (*cj):
    m = 1
    for x in cj:
        m = m * x
    return m
乘积 (3,5,6,12,43,21)

975240
```

图 5-12　不含有关键字参数的代码运行示例

5.1.6　局部变量和全局变量

根据变量的作用范围，变量可以分为局部变量和全局变量两种。

局部变量，顾名思义是指只在某部分起作用的变量，一般是在函数或代码块内部定义的变量，局部变量只在其所在的作用域内可以被访问。

局部变量还有一个性质，那就是局部变量只在其被定义的函数或代码块执行期间存在，并在函数或代码块执行结束后被销毁。

比如，我们在自己定义的函数内给某个变量进行赋值，然后在函数外部不调用函数的情况下，直接输出这个变量，这个时候系统就会报错，就像下面的代码。

```
def 乘积 (*cj):
    mq = 1
    for x in cj:
        mq = mq * x
    return mq
print(mq)
```

在这段代码中，变量 mq 是在函数内部被赋值的，所以在函数外部输出这个变量，系统就会报错。运行这段代码，结果（如图 5-13 所示）。

```
def 乘积(*cj):
    mq = 1
    for x in cj:
        mq = mq * x
    return mq
print(mq)
```

```
NameError                                Traceback (most recent call last)
Cell In[12], line 6
      4         mq = mq * x
      5     return mq
----> 6 print(mq)

NameError: name 'mq' is not defined
```

图 5-13　局部变量运行示例

函数结束后，在函数外部输出变量 mq 时，程序直接报错，显示没有发现 mq 这个变量。这是因为变量 mq 作为函数内部的变量，属于局部变量，在函数运行结束后就被销毁了，所以会"找不到"。

全局变量，是指在整个程序中都可以使用的变量，即全局变量可以在程序的任何地方被引用。全局变量通常在代码的开始处被定义，或者在函数内部使用 global 关键字声明。全局变量在程序的执行过程中会一直存在，直到程序结束或被删除才会消失。

如果全局变量和局部变量同时存在且名字相同时，这两个变量互不干扰，比如下面这段代码。

```
abc = 123
def shuzi():
    abc = 456
    return abc
m = shuzi()
print(m)
print(abc)
```

在这段代码的开始，变量 abc 被赋值为 123，abc 是全局变量。在自定义函数 shuzi() 中，同名字的变量 abc 被赋值为 456，这个 abc 是局部变量，两者互不影响，所以最后会输出两个结果（如图 5-14 所示）。

```
abc = 123
def shuzi():
    abc = 456
    return abc
m = shuzi()
print(m)
print(abc)
```
```
456
123
```

图 5-14　全局变量和局部变量同名的运行示例

在图 5-14 中，程序开头的 abc 是全局变量，函数 shuzi() 中的 abc

是局部变量，这两个变量的名字虽然相同，但是因为局部变量只在函数内部生效，在函数外部不生效，哪怕名字一样也不会影响全局变量，所以代码最后"print(m)"输出的是函数内的局部变量赋值456，而"print(abc)"输出的是全局变量的赋值123。

我们再来回顾一下局部变量和全局变量的不同：局部变量只能在函数内部使用，除了这个函数自身之外，其他函数或代码块都是不能使用的；全局变量可以被所有的代码使用，其他函数也可以访问，函数无法直接修改全局变量的值，若要修改，则需要使用关键字 global。

在局部变量之前加上关键字 global，就可以在函数内部对全局变量进行更改。比如我们在图 5-14 所示代码的局部变量之前，加上关键字 global，更改后的代码如下。

```
abc = 123
def shuzi():
    global abc
    abc = 456
    return abc
m = shuzi()
print(m)
print(abc)
```

运行这段程序，看看全局变量是否被改变了（如图 5-15 所示）。

```
abc = 123
def shuzi():
    global abc
    abc = 456
    return abc
m = shuzi()
print(m)
print(abc)

456
456
```

图 5-15 关键字 global 使用示例

在图 5-15 中，我们发现最后输出的都是"456"，这说明在函数 shuzi() 中使用了关键字 global 之后，再给局部变量 abc 赋值 456，就相当于给全局变量赋值 456，所以最后输出函数 print(abc) 的输出结果是 456。

5.1.7　练一练

下面有两道题，请你把对应的代码写出来，并使其能够正常运行。

（1）小明在学习了如何定义函数之后，打算把之前写过的计算身体肥胖程度的代码改成一个函数，名字叫作 BMI。只要使用者输入自己的身高和体重，这个函数就可以输出 BMI 及对应的身体状况，请你帮助小明完成这个函数。

（2）小明在学习了如何定义函数之后，打算把之前写过的判断学生成绩的代码改成一个函数，名字叫作 Chengji。只要使用者输入学生分数，这个函数就可以输出学生的成绩属于哪一阶段，请你帮助小明完成这个函数。

5.2　Python 的天生神通：内置函数

5.2.1　什么是内置函数

听过神话传说的小朋友都知道，一些厉害的神兽都有自己的天生神通，这种神通是神兽天生自带的，并不需要练习。

在 Python 编程语言中，内置函数是预先定义好的函数，我们可以把 Python 想象成一只神兽，而内置函数就是这只神兽的天生神通。

对于内置函数，我们可以在任何地方、任何时间直接使用，不需要进行任何类型的导入或配置。

5.2.2　查看内置函数

我们已经知道了内置函数，那么 Python 的内置函数有哪些呢？在 Python 的官网上，我们可以查到这些内置函数。

按下面的步骤，就可以查看 Python 的内置函数。

第一步，访问Python官网，鼠标左键点击官网上的"Documentation"标签（如图 5-16 所示）。

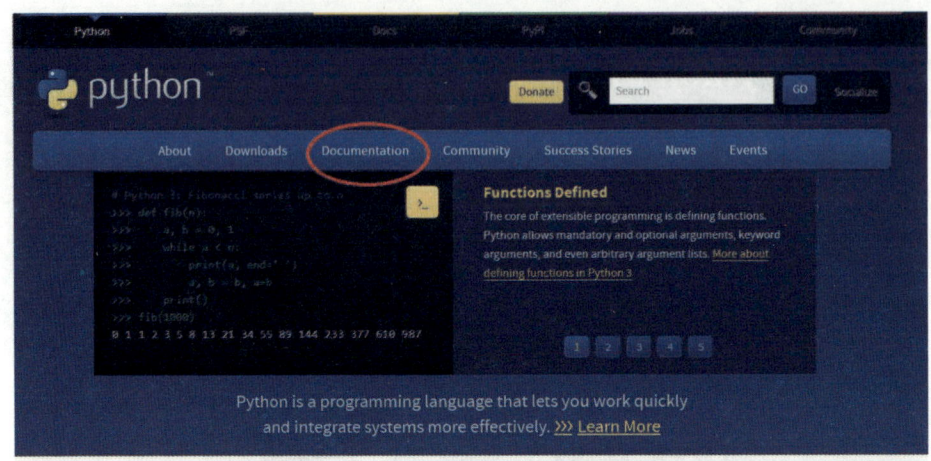

图 5-16　Documentation 所在位置

第二步，在新出现的界面中，找到底色为亮黄色的"Python Docs"按钮，然后鼠标左键点击它（如图 5-17 所示）。

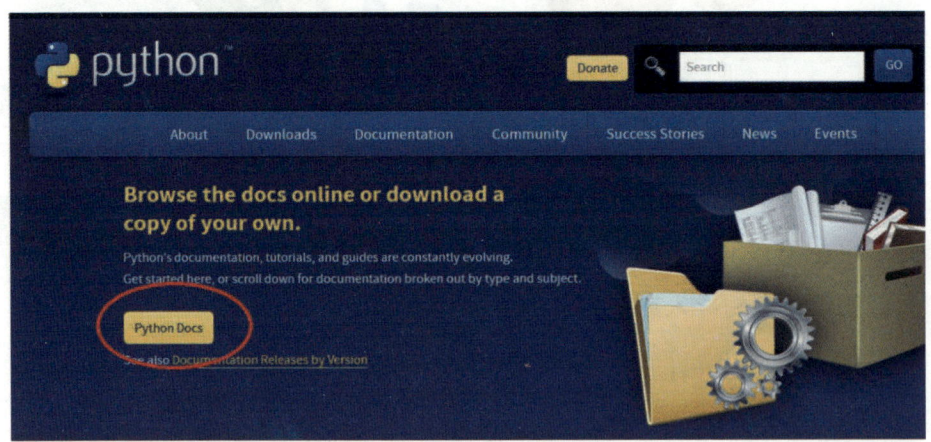

图 5-17　点击"Python Docs"按钮

第三步，为了方便理解，我们需要把新界面中的语言设置为

"Simplified Chinese"，也就是简体中文，然后点击"库参考"（如图 5-18 所示）。

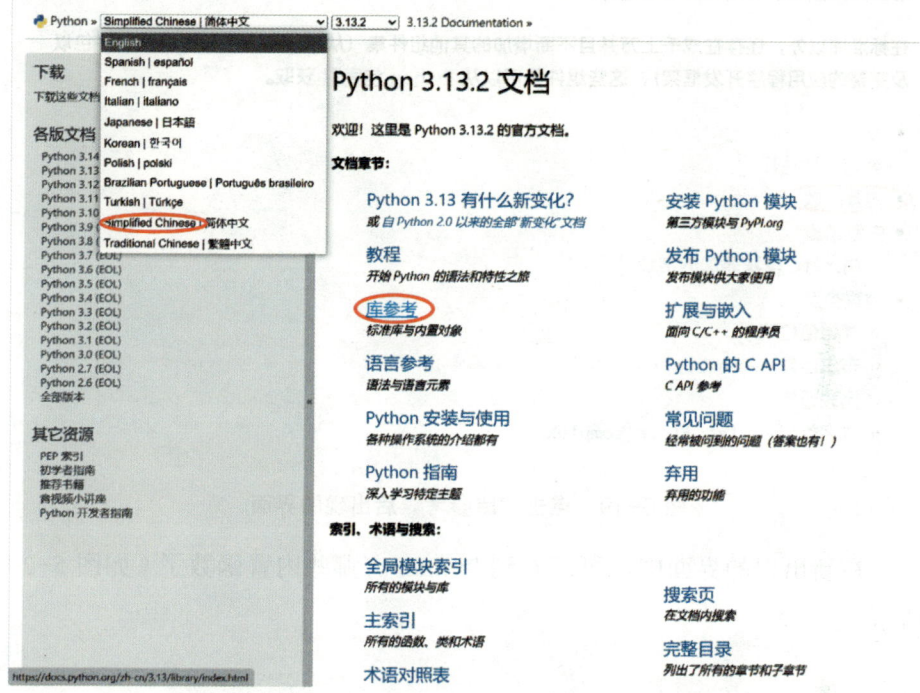

图 5-18　点击"Python Docs"按钮后出现的界面

　　第四步，在新出现的界面中找到"内置函数"，然后点击它（如图 5-19 所示）。

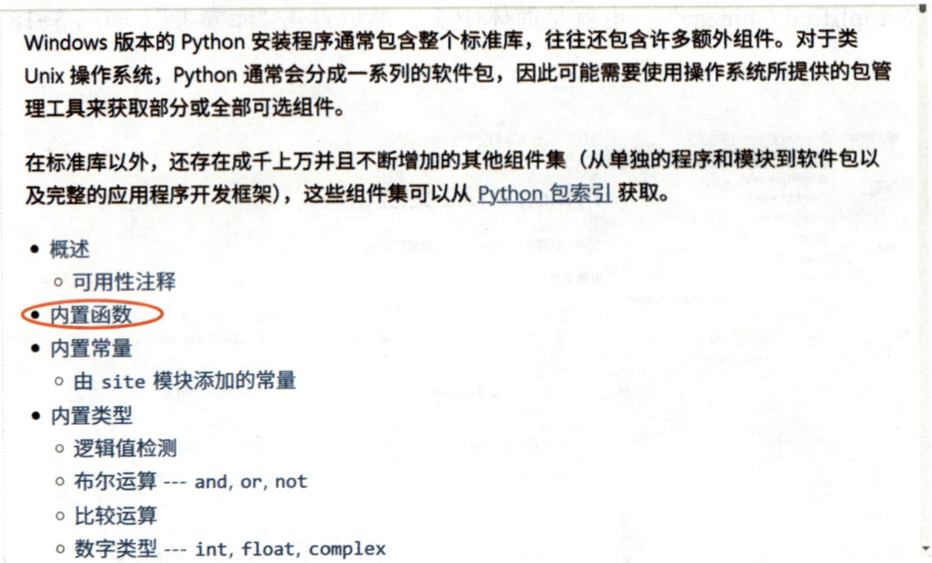

Windows 版本的 Python 安装程序通常包含整个标准库，往往还包含许多额外组件。对于类 Unix 操作系统，Python 通常会分成一系列的软件包，因此可能需要使用操作系统所提供的包管理工具来获取部分或全部可选组件。

在标准库以外，还存在成千上万并且不断增加的其他组件集（从单独的程序和模块到软件包以及完整的应用程序开发框架），这些组件集可以从 Python 包索引 获取。

- 概述
  - 可用性注释
- 内置函数
- 内置常量
  - 由 site 模块添加的常量
- 内置类型
  - 逻辑值检测
  - 布尔运算 --- and, or, not
  - 比较运算
  - 数字类型 --- int, float, complex

图 5-19　点击"库参考"后出现的界面

在新出现的界面中就可以看到 Python 有哪些内置函数了（如图 5-20 所示）。

内置函数

Python 解释器内置了很多函数和类型，任何时候都能使用。以下按字母顺序给出列表。

内置函数			
A abs() aiter() all() anext() any() ascii() **B** bin() bool() breakpoint() bytearray() bytes() **C** callable() chr() classmethod() compile() complex() **D** delattr() dict() dir() divmod()	**E** enumerate() eval() exec() **F** filter() float() format() frozenset() **G** getattr() globals() **H** hasattr() hash() help() hex() **I** id() input() int() isinstance() issubclass() iter()	**L** len() list() locals() **M** map() max() memoryview() min() **N** next() **O** object() oct() open() ord() **P** pow() print() property()	**R** range() repr() reversed() round() **S** set() setattr() slice() sorted() staticmethod() str() sum() super() **T** tuple() type() **V** vars() **Z** zip() _ __import__()

abs(x)

　　返回一个数字的绝对值。 参数可以是整数、浮点数或任何实现了 __abs__() 的对象。 如果参数是一个复数，则返回它的模。

图 5-20　Python 的内置函数

　　如果想了解某一个内置函数的含义，我们可以点击这个函数，然后就会跳转到这个函数的解释界面。

5.2.3 常用内置函数

Python 的内置函数有很多，不同的人常用的内置函数可能会有所不同，但是有些内置函数是所有人都会经常用到的，比如求最大值的函数 max()、求最小值的函数 min()、求和的函数 sum()，这三个函数的使用方法很简单，只需要把要处理的数据写入括号内，就可以得到最大值、最小值或数据之和（如图 5-21 所示）。

```
print(max(3,4,7,5,1))
print(min(6,9,2,0,4))
print(sum([2,7,3,6]))

7
0
18
```

图 5-21　max()、min()、sum() 函数使用示例

注意，在使用求和函数 sum() 时，需要在小括号里面加上中括号，在中括号里面写上数据。

输出函数 print()，这是编写程序时最常用的函数（如图 5-22 所示）。

```
print('你好')
你好
```

图 5-22　print() 函数使用示例

绝对值函数 abs() 的使用频率也很高（如图 5-23 所示）。

```
print(abs(-4))
4
```

图 5-23　abs() 绝对值函数使用示例

你现在可能还不理解什么是绝对值，没关系，等你上了初中、高中

就会明白了。

长度函数 len() 也经常被用到（如图 5-24 所示）。

```
print(len('你好我好大家好'))
print(len('12345'))

7
5
```

图 5-24　len() 长度函数使用示例

整型函数 int()、浮点型函数 float()，这两个函数使用频率也很高（如图 5-25 所示）。

```
print(int(3.45))
print(float(6))

3
6.0
```

图 5-25　int()，float() 函数使用示例

转换字符串函数 str()、布尔函数 bool()，这两个函数的使用次数也非常多（如图 5-26 所示）。

```
a = 180
b = '厘米'
print(str(a) + b)

180厘米
```

```
bool(0)

False
```

```
bool(1)

True
```

图 5-26　str()、bool() 函数使用示例

生成有序整数数列的函数 range()，前文已用到过（如图 5-27 所示）。

```
for n in range(1,10,3):
    print(n)

1
4
7
```

图 5-27　range() 函数使用示例

获取列表元素索引的函数 enumerate()，前文也用过（如图 5-28 所示）。

```
mingdan = ["小明","小红","小刚","小杨","小陈"]
for n,rming in enumerate(mingdan):
    print(f'{n}{rming}')

0小明
1小红
2小刚
3小杨
4小陈
```

图 5-28　enumerate() 函数使用示例

地址函数 id()，这个函数经常被用于获取对象的内存地址（如图 5-29 所示）。由于每台电脑的内存布局以及 Python 解释器的执行环境都不同，所以在不同的机器或不同的 Python 运行实例中，得到的 id() 值通常也会不一样。即使是在同一台电脑上，每次运行程序时也不一定会得到相同的 id()。简而言之，id() 的输出更多是一种"标识"，并不保证在不同环境、不同时间下保持相同的结果。

```
a = 180
b = '厘米'
print(id(a))
print(id(b))
```
140728996243848
1662221853456

图 5-29　id() 地址函数使用示例

输入函数 input() 也是编程中必然要用到的函数（如图 5-30 所示）。

```
input("请输入身高")
```
请输入身高 │↑↓ for history

图 5-30　input() 输入函数使用示例

Python 自带的这些内置函数对我们编写代码有非常大的帮助，可以大大提高编程效率。

5.2.4　练一练

完成一个小任务：在内置函数页面，数一数一共有多少个内置函数，并且挨个点开，仔细看看每一个内置函数的介绍。

6

魔法大楼第四层
——神秘的魔法盒

6.1　储存数据的盒子：序列与列表

在前面的章节中，我们知道了在 Python 中有数字、字符串等。这些都属于简单的数据类型，可以用来储存一些简单的数据，一旦数据很复杂，这些简单的数据类型就不够用了。

为了储存大量的、复杂的数据，Python 提供了复合数据类型，包括列表 list、元组 tuple、字典 dict 和集合 set。其中，列表和元组属于序列类型，字典和集合属于非序列类型。

这些复合数据类型就像盒子一样，我们可以往其中放任何类型的数据，而且复合数据类型之间也可以嵌套使用。

6.1.1　序列的概念

什么是序列呢？我们可以把序列理解成生活中的"排队"，排队的人叫作元素，队列长度叫作序列长度，每个人排在第几位叫作索引。需要注意的是，索引是从数字 0 开始的，而不是从数字 1 开始。

知道了什么是序列，接下来我们总结一下序列的关键属性有哪些，很明显，序列的关键属性有三个，它们分别是元素 item、长度 len 和索引 index。

每一种数据类型都有自己存储数据的方式，序列按元素顺序连续存储，需要连续的内存空间，其中的元素彼此相邻，这样我们可以方便地利用索引读取元素。不过因为储存是连续的，所以在进行插入元素和删除元素的时候，还需要移动这些元素，这样才能保证序列的有序结构。

6.1.2 列表的概念

列表是序列的一种，列表可以存储任意数据类型的数据，而且存储的位置也是有顺序的。

列表的创建方式很简单，把元素用中括号括起来，就可以得到一个列表。列表内的元素要用英文逗号隔开，如果元素是字符串，那每一个元素还需要用英文的双引号或者单引号引起来。

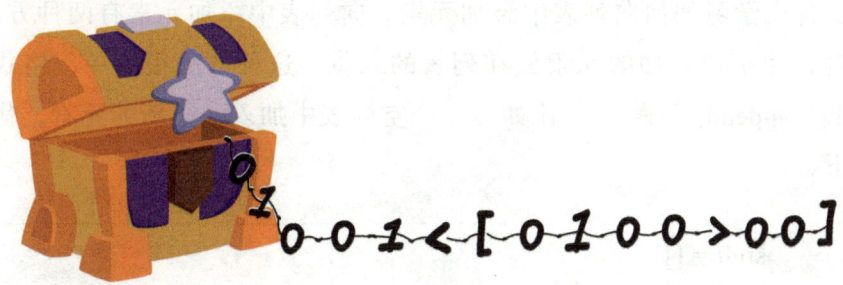

创建列表的示例（如图 6-1 所示）。

```
stu0 = []
stu1 = ['小明','小红','小刚','小蓝']
stu2 = list(['小明','小红','小刚','小蓝'])
```

图 6-1 创建列表的示例

在图 6-1 中，第一行"stu0 = []"创建的是空列表，第二行"stu1 = [' 小明 ',' 小红 ',' 小刚 ',' 小蓝 ']"和第三行"stu2 = list([' 小明 ',' 小红 ',' 小刚 ',' 小蓝 '])"创建的是含有元素的列表。

列表有三大特征：第一，列表的大小是可变的，会自动扩展或收缩；第二，列表作为复合数据类型，是序列的一种，可以存储任意数据类型，还可以存储变量；第三，列表可以进行删除、插入元素等动态操作。

6.1.3　给列表添加元素

与列表相关的操作有很多，其中常用的有创建列表、添加元素、删除元素、修改元素、翻转元素、遍历元素和检测元素等。

这些操作本质上是运用函数，学会运用这些函数，可以帮助你大大提高编程效率。

创建列表的方法前面已经学过了，接下来学习其他函数的运用方法。

首先学习如何向列表中添加元素。向列表中添加元素有两种方法，一种方法是把新加的元素放在列表的末位。这种方法很简单，格式是"列表.append(元素)"，比如向一个空列表中加入一个新的元素，代码如下。

```
stu0 = []
stu0.append(" 小明 ")
print(stu0)
```

添加了新元素"小明"之后，再输出列表 stu0 就会发现列表不再是空的，而是有了新元素（如图 6-2 所示）。

```
stu0 = []
stu0.append("小明")
print(stu0)
```
['小明']

图 6-2　空列表添加元素示例

当然，除了空列表之外，我们也可以往含有元素的列表中添加元素，对应代码如下。

```
stu1 = [' 小明 ',' 小红 ',' 小刚 ',' 小蓝 ']
print(stu1)
```

```
stu1.append(" 小黄 ")
print(stu1)
```

运行这段代码，看看是不是成功添加了元素（如图 6-3 所示）。

```
stu1 = ['小明','小红','小刚','小蓝']
print(stu1)
stu1.append("小黄")
print(stu1)
```

```
['小明', '小红', '小刚', '小蓝']
['小明', '小红', '小刚', '小蓝', '小黄']
```

图 6-3　非空列表添加元素示例

从图 6-3 中我们可以发现，这种方法将元素添加在了列表的末位。

另外一种向列表中添加元素的方法是根据索引（也就是元素在列表中的位置）添加元素，其格式是"列表 .insert(索引号 , 元素)"。这种方法更精确，只要写上索引序号，就可以在对应的位置上添加新元素。比如下面这段代码。

```
stu1 = [' 小明 ',' 小红 ',' 小刚 ',' 小蓝 ']
print(stu1)
stu1.insert(2," 小黄 ")
print(stu1)
```

在这段代码中，原本的列表中有 4 个元素，我们选择在索引 2 的位置添加新元素，也就是说列表中原本"小刚"的位置，被新元素占据了，那么新元素之后的元素都往后顺移一位，代码运行结果如图 6-4 所示。

```
stu1 = ['小明','小红','小刚','小蓝']
print(stu1)
stu1.insert(2,"小黄")
print(stu1)
```

```
['小明', '小红', '小刚', '小蓝']
['小明', '小红', '小黄', '小刚', '小蓝']
```

图 6-4　带索引添加元素示例

一定要记得，索引从数字 0 开始，所以如果想把新元素添加在列表最前端，需要使用索引 0（如图 6-5 所示）。

```
stu1 = ['小明','小红','小刚','小蓝']
print(stu1)
stu1.insert(0,"小黄")
print(stu1)
```

```
['小明', '小红', '小刚', '小蓝']
['小黄', '小明', '小红', '小刚', '小蓝']
```

图 6-5　添加元素在首位示例

这两种方法都要注意用英文的标点符号。

6.1.4　访问元素和修改元素

我们知道了向列表中添加元素的两种方法，如果我们想访问列表中的某个元素，或者更改某个元素，该怎么操作呢？接下来学习如何访问和修改列表中的元素。

通过之前的学习，我们知道了列表中的元素都有其对应的索引，我们可以使用元素对应的索引，对相应的元素进行访问和修改。

就拿列表"stu1 = [' 小明 ',' 小红 ',' 小刚 ',' 小蓝 ']"来说，如果我们想输出这个列表，只需要使用代码"print(stu1)"，就可以把这个列表中的元素都输出来。如果我们只想输出其中的某一个元素，就可以使用这个元素对应的索引来完成输出。比如，输出这个列表中的元素"小红"，这个元素对应的索引是数字 1，可以用代码"print(stu1[1])"输出，对应的运行结果如图 6-6 所示。

```
stu1 = ['小明','小红','小刚','小蓝']
print(stu1[1])
```

小红

图 6-6　访问列表元素示例

如果想访问列表的首位元素，需要使用索引 0，对应代码为"print(stu1[0])"，这点一定要多注意，很多小朋友经常在这个知识点上出错。

知道了如何访问列表中的特定元素，接下来学习如何修改元素。

要修改列表中的元素的值，我们可以把想要修改的元素当作变量，变量名就是"列表 [索引]"，只需要给这个变量进行新的赋值，就可以修改该元素，下面是对应的代码。

```
stu1 = [' 小明 ',' 小红 ',' 小刚 ',' 小蓝 ']
print(stu1[2])
stu1[2] = ' 小黄 '
print(stu1[2])
print(stu1)
```

在这段代码中，我们先访问列表 stu1 中索引为 2 的元素，然后对其进行了新的赋值，再访问这个索引，会发现对应的元素及列表都发生了变化（如图 6-7 所示）。

```
stu1 = ['小明','小红','小刚','小蓝']
print(stu1[2])
stu1[2] = '小黄'
print(stu1[2])
print(stu1)
```

```
小刚
小黄
['小明', '小红', '小黄', '小蓝']
```

图 6-7　修改列表元素示例

6.1.5　列表中元素删除与检测方法

我们利用列表储存数据的时候，可能会因为粗心大意，导致输入的数据有错误，这个时候就需要删除这个错误的元素。

接下来学习如何删除列表中的元素。删除列表中元素的方法有三种，第一种方法是删除列表末尾的元素，对应的格式是"列表 .pop()"。

比如，有列表"stu1 = [' 小明 ',' 小红 ',' 小刚 ',' 小兰 ']"，要删除元素"小兰"，就可以使用代码"stu1.pop()"，下面是对应的代码。

```
stu1 = [' 小明 ',' 小红 ',' 小刚 ',' 小兰 ']
print(stu1)
stu1.pop()
print(stu1)
```

运行这段程序，结果如图 6-8 所示。

```
stu1 = ['小明','小红','小刚','小兰']
print(stu1)
stu1.pop()
print(stu1)
```
```
['小明', '小红', '小刚', '小兰']
['小明', '小红', '小刚']
```

图 6-8　列表末位删除元素示例

第二种删除列表元素的方法是根据元素对应的索引删除元素，对应代码的格式是"列表 .pop(索引)"。

比如，有列表"stu1 = [' 小明 ',' 小红 ',' 小刚 ',' 小兰 ']"，要删除元素"小红"，元素"小红"对应的索引是 1，这时可以使用代码"stu1.pop(1)"删除该元素，下面是对应的代码。

```
stu1 = [' 小明 ',' 小红 ',' 小刚 ',' 小兰 ']

print(stu1)

stu1.pop(1)

print(stu1)
```

运行这段程序，结果如图 6-9 所示。

```
stu1 = ['小明','小红','小刚','小兰']
print(stu1)
stu1.pop(1)
print(stu1)
```
```
['小明', '小红', '小刚', '小兰']
['小明', '小刚', '小兰']
```

图 6-9　使用索引删除元素示例

学会了这种方法之后，有的小朋友可能会有疑问，如果列表中的元素很多，我们不知道要删除的元素的索引，甚至不知道列表中有没有这

141

个元素，该怎么办呢？

办法依然是有的，也就是第三种删除列表元素的方法。我们只要知道想删除的元素是什么，然后使用代码“列表 .remove(元素)”，就可以删除该元素。如果要删除的元素不在列表中，运行程序时，系统就会报错，这样我们就知道列表中没有这个元素了。

比如，有列表“stu1 = [' 小明 ',' 小红 ',' 小刚 ',' 小兰 ']”，小明想删除列表中的元素“小红”，但是小明不知道元素“小红”的索引是什么，不过小明知道有个办法可以做到，下面是小明写的代码。

```
stu1 = [' 小明 ',' 小红 ',' 小刚 ',' 小兰 ']
print(stu1)
stu1.remove(' 小红 ')
print(stu1)
```

运行这段程序，结果如图 6-10 所示。

```
stu1 = ['小明','小红','小刚','小兰']
print(stu1)
stu1.remove('小红')
print(stu1)
['小明', '小红', '小刚', '小兰']
['小明', '小刚', '小兰']
```

图 6-10　用列表 .remove(元素) 删除元素示例

再比如，有列表“stu1 = [' 小明 ',' 小红 ',' 小刚 ',' 小兰 ']”，小明不确定列表中是不是有元素“小黄”，如果有的话他想删除这个元素，所以小明写了下面这段代码。

```
stu1 = [' 小明 ',' 小红 ',' 小刚 ',' 小兰 ']
print(stu1)
```

```
stu1.remove(' 小黄 ')
print(stu1)
```

运行这段代码之后，小明就可以知道列表中是不是含有元素"小黄"了。如果不含有元素"小黄"，运行程序时，系统就会报错（如图 6-11 所示）。

```
stu1 = ['小明','小红','小刚','小兰']
print(stu1)
stu1.remove('小黄')
print(stu1)
```

```
['小明', '小红', '小刚', '小兰']
---------------------------------------------------------------
ValueError                          Traceback (most recent call last)
Cell In[9], line 3
      1 stu1 = ['小明','小红','小刚','小兰']
      2 print(stu1)
----> 3 stu1.remove('小黄')
      4 print(stu1)

ValueError: list.remove(x): x not in list
```

图 6-11 删除的元素不在列表内报错示例

这种删除元素的方法可以用来检测某个元素是不是在列表内。如果报错，就说明这个元素不在列表内；如果不报错，就说明这个元素在列表内。

那有没有专门的方法来检测元素在不在列表内呢？当然有。下面就来学习检测列表内元素的方法。

列表元素的检测方法主要有两种，即分别使用 in 和 not in 来检测，运行代码时会输出布尔值，也就是 True 或者 False。

比如，有列表"stu1 = [' 小龙 ',' 小红 ',' 小刚 ',' 小兰 ']"，小明不确定列表中是不是有元素"小黄"和元素"小刚"，所以想用 in 检测一下，

下面是小明所写的代码。

```
stu1 = [' 小龙 ',' 小红 ',' 小刚 ',' 小兰 ']
print(' 小黄 ' in stu1)
stu1 = [' 小龙 ',' 小红 ',' 小刚 ',' 小兰 ']
print(' 小刚 ' in stu1)
```

代码 "print('小黄' in stu1)" 相当于判断 "元素'小黄'在列表 stu1 中" 这句话对不对，如果对就输出 True，如果错就输出 False。代码 "print ('小刚' in stu1)" 同理。接下来运行这段程序，结果如图 6-12 所示。

```
stu1 = ['小龙','小红','小刚','小兰']
print('小黄' in stu1)
```
False

```
stu1 = ['小龙','小红','小刚','小兰']
print('小刚' in stu1)
```
True

图 6-12　in 方法检测元素示例

除了使用 in 方法，我们还可以使用 not in 方法检测列表元素，not in 的检测方法和 in 检测方法类似，我们把小明所写的代码用 not in 方式重新写一遍，下面是新写的代码。

```
stu1 = [' 小龙 ',' 小红 ',' 小刚 ',' 小兰 ']
print(' 小黄 ' not in stu1)
stu1 = [' 小龙 ',' 小红 ',' 小刚 ',' 小兰 ']
print(' 小刚 ' not in stu1)
```

运行这段程序，结果如图 6-13 所示。

```
stu1 = ['小龙','小红','小刚','小兰']
print('小黄' not in stu1)
```

True

```
stu1 = ['小龙','小红','小刚','小兰']
print('小刚' not in stu1)
```

False

图6-13　not in 方法检测元素示例

代码 "print(' 小黄 ' not in stu1)" 相当于判断 "元素 ' 小黄 ' 不在列表 stu1 中" 这句话的对错，很明显这句话是对的，所以输出值为 True。

除了这两种方法，还有一种比较复杂的办法，那就是使用 while 循环和 if 语句。

比如，有列表 "stu1 = [' 小龙 ',' 小红 ',' 小刚 ',' 小兰 ']"，小明想用 while 循环和 if 语句写一个检测程序，下面是小明所写的程序。

```
stu1 = [' 小龙 ',' 小红 ',' 小刚 ',' 小兰 ']
while 1:
    name = input(" 请输入想要检测的元素：")
    if name in stu1:
        print(f'{name} 在列表 stu1 中！')
    elif name == " 结束 ":
        print(" 已终止程序 ")
        break
    else:
        print(f'{name} 不在列表 stu1 中。')
print(" 结束 ")
```

运行这段程序，当输入要检测的元素后，程序就会进行检测。如果该元素在列表中，就会输出元素在列表中；如果不在，就会输出元素不在列表中；如果想停止循环，只需要输入"结束"即可。

运行这段程序，结果如图 6-14 所示。

```python
stu1 = ['小龙','小红','小刚','小兰']
while 1:
    name = input("请输入想要检测的元素：")
    if name in stu1:
        print(f'{name}在列表stu1中！')
    elif name == "结束":
        print("已终止程序")
        break
    else:
        print(f'{name}不在列表stu1中。')
print("结束")
```

```
请输入想要检测的元素： 小黄
小黄不在列表stu1中。
请输入想要检测的元素： 小刚
小刚在列表stu1中！
请输入想要检测的元素： 结束
已终止程序
结束
```

图 6-14　使用 while 循环和 if 语句检测示例

6.1.6　列表的排序、清除和翻转

在一个列表中，如果其中的元素全是数字，而且数字的排序比较杂乱，有什么办法可以让列表中的数字按一定的顺序排列呢？使用 sort() 函数就可以了。

sort() 函数可以对列表中的元素进行升序排列，也就是按从小到大的顺序排序，使用的格式是"列表 .sort()"。

比如，有列表"stu = [4,8,5,11,9,43,22,45,6]"，这个列表中的元素都是数字，而且这些数字并没有按照大小顺序排列，如果想对这些数字进

行升序排列，就可以使用 sort() 函数，下面是对应的代码。

```
stu = [4,8,5,11,9,43,22,45,6]
print(stu)
stu.sort()
print(stu)
```

运行这段程序，看看列表内的数字是不是按照顺序排列好了（如图 6-15 所示）。

```
stu = [4,8,5,11,9,43,22,45,6]
print(stu)
stu.sort()
print(stu)
```
```
[4, 8, 5, 11, 9, 43, 22, 45, 6]
[4, 5, 6, 8, 9, 11, 22, 43, 45]
```

图 6-15 对列表升序排列示例

stu.sort() 执行后，列表中的数字按照从小到大的顺序重新排列。有的同学想让这些数字从大到小进行排序，这个时候就需要用到 reverse() 函数了。

reverse() 函数可以对数字的顺序进行翻转，也就是说可以把从小到大排列的数字，变成从大到小排列的数字（如图 6-16 所示）。在实际使用的时候，可以直接将二者结合起来，通过"stu.sort(reverse)=True"一步到位地实现降序排序。

```
stu = [4,8,5,11,9,43,22,45,6]
print(stu)
stu.sort()
print(stu)
stu.sort(reverse = True)
print(stu)

[4, 8, 5, 11, 9, 43, 22, 45, 6]
[4, 5, 6, 8, 9, 11, 22, 43, 45]
[45, 43, 22, 11, 9, 8, 6, 5, 4]
```

图 6-16   reverse() 函数翻转列表元素示例

在一次编程课上，小明用程序写了一个列表 "stu1 = [' 小龙 ',' 小红 ',' 小刚 ',' 小兰 ']"，老师看到后告诉小明，列表中的人名应该是学生的全名，而不能是小名，小明需要把列表中的元素都删除，但是小明只会一个元素一个元素地删除。这个时候小明就想，如果有办法可以把列表中的元素一次性清空就好了。

有了想法，小明去找老师寻求帮助，老师知道了小明的想法后，告诉小明可以使用 clear() 函数清除列表中的所有元素，使用的格式是 "列表 .clear()"。小明很快就学会了，并且写了下面的代码。

```
stu1 = [' 小龙 ',' 小红 ',' 小刚 ',' 小兰 ']
print(stu1)
stu1.clear()
print(stu1)
```

运行这段程序，看看列表中的元素是不是被清除了（如图 6-17 所示）。

```
stu1 = ['小龙','小红','小刚','小兰']
print(stu1)
stu1.clear()
print(stu1)
```

```
['小龙', '小红', '小刚', '小兰']
[]
```

图 6-17　clear() 函数清除元素示例

6.1.7　列表的其他相关操作

学习了列表的元素添加、修改、排序等操作后，我们接下来学习列表的其他常用的操作。

首先学习列表的遍历。在前面学习 for 循环的时候我们知道了，老师点名用的学生名单相当于一个可遍历的结构，而"点名"这个过程就是遍历。

列表的遍历方法有两种：一种是使用 for in 的方式对列表进行遍历，另一种是使用索引的方式对列表进行遍历。在 Python 中，最常使用 for in 的方式，也就是前面学习的 for 循环用的格式。

for 变量名 in 列表：

　　print（变量名）。

比如，小明想对列表"stu1 = [' 小龙 ',' 小红 ',' 小刚 ',' 小兰 ']"进行遍历，下面是小明写的代码。

```
stu1 = [' 小龙 ',' 小红 ',' 小刚 ',' 小兰 ']
for n in stu1:
    print(n)
```

运行这段程序，结果如图 6-18 所示。

```
stu1 = ['小龙','小红','小刚','小兰']
for n in stu1:
    print(n)
```

小龙
小红
小刚
小兰

图 6-18   for in 遍历列表示例

接下来学习求列表中最大值、最小值及列表某个元素个数的函数，它们分别是 max()、min() 和 count()。其中 max() 函数可以统计列表中的最大值（如图 6-19 所示）。

```
stu = [4,8,5,11,9,43,22,45,6]
print(max(stu))
```

45

图 6-19   max() 函数统计列表最大值示例

根据 max() 的使用方法和作用，相信你已经猜到了 min() 的使用方法和作用，min() 的作用就是统计出列表中的最小值（如图 6-20 所示）。

```
stu = [4,8,5,11,9,43,22,45,6]
print(min(stu))
```

4

图 6-20   min() 函数统计列表最小值示例

count() 的作用是统计列表中某个元素的个数。

比如，有列表 "stu1 = [' 小龙 ',' 小红 ',' 小刚 ',' 小兰 ',' 小刚 ']"，这个名单是违纪名单，名字出现几次就是违纪了几次，小明想查找 " 小刚""小红"和"小紫"这三个人的违纪次数，所以写了下面的代码。

```
stu1 = [' 小龙 ',' 小红 ',' 小刚 ',' 小兰 ',' 小刚 ']
print(stu1.count(' 小刚 '))
print(stu1.count(' 小红 '))
print(stu1.count(' 小紫 '))
```

运行该程序，结果如图 6-21 所示。

```
stu1 = ['小龙','小红','小刚','小兰','小刚']
print(stu1.count('小刚'))
print(stu1.count('小红'))
print(stu1.count('小紫'))

2
1
0
```

图 6-21   count() 函数统计列表元素个数示例

最后学习列表的拼接，列表之间的拼接可以使用符号"+"或者"*"，其中"+"可以用于不同的列表之间，也可以用于相同的列表之间；符号"*"用于将某个列表复制多份再拼接，示例代码（如图6-22所示）。

```
stu1 = [666,888]
stu2 = ['小明','小红']
stu0 = stu1 + stu2
print(stu0)
```

```
[666, 888, '小明', '小红']
```

```
stu1 = [666,888]
stu0 = stu1 + stu1
print(stu0)
```

```
[666, 888, 666, 888]
```

```
stu1 = [666,888]
stu0 = stu1 * 3
print(stu0)
```

```
[666, 888, 666, 888, 666, 888]
```

图 6-22　列表之间的拼接示例

6.1.7　练一练

下面有两道题，请你把对应的代码写出来，使其能够正常地运行并得到正确结果。

（1）创建一个列表，把自己同学的名字当作元素添加到列表里面，然后写一段列表的遍历程序。

（2）创建两个列表，一个列表里面放入自己同学的姓名，另一个列表里面放入自己好朋友的姓名，然后把这两个列表进行拼接，在拼接后的新列表里面查找一下哪些名字出现了两次。

6.2　储物戒指：元组

6.2.1　元组的概念

元组就像游戏中的储物戒指，可以存放东西，只不过元组里存放的是数据。元组是序列的一种，和列表一样，是一种内置的序列，但是元组在完成赋值之后是无法修改的。所以我们在数据处理的时候用列表比较多，元组适合存储不会发生变化的数据。

我是储物戒指，可以存放东西。

6.2.2　元组的创建方式

元组的创建方式和列表有很大的区别，列表使用中括号 []，而元组使用的是小括号 ()，下面是元组的常见创建方式。

```
yuanzu1 = (' 小明 ',' 小红 ')

yuanzu2 = (11,22,33)

yuanzu3 = (11,)
```

需要注意的是，如果创建的元组只含有一个元素，那么在这唯一的元素后面也要有英文的逗号，如果没有这个逗号，那我们创建的不是元组而是变量。

除了直接创建元组，我们也可以把列表转换成元组，tuple() 函数就可以做到。如果想把元组转换成列表，使用函数 list() 就可以了。

比如，有列表"stu1 = [' 小龙 ',' 小红 ',' 小刚 ',' 小兰 ']"，我们想把这个列表转换成元组，下面是对应的代码。

```
stu1 = [' 小龙 ',' 小红 ',' 小刚 ',' 小兰 ']
yuanzu = tuple(stu1)
print(yuanzu)
```

运行这段代码，原来的列表就被转换成了元组（如图 6-23 所示）。

```
stu1 = ['小龙','小红','小刚','小兰']
yuanzu = tuple(stu1)
print(yuanzu)
```
('小龙', '小红', '小刚', '小兰')

图 6-23　列表转元组示例

通过刚才的学习，我们知道元组中的元素不能更改，如果在创建元组的时候不小心把一个元素写错了，但这个元素很重要，一定要改正才行，这个时候该怎么办呢？

有的小朋友可能会重新建立一个元组，这样当然可以，但是太麻烦了，因为重新建立一个元组，需再次输入每一个元素。有没有更简单的办法呢？相信聪明的你已经想到了，我们可以把元组变成列表，然后对列表中的元素进行更改，更改完之后再把列表变成元组。

在编程的世界里，当你遇到问题时，很多时候并不是只有一种解决办法。只要你开动脑筋，一定会想到更多或更好的解决办法。

6.2.3 元组的简单操作

虽然元组内的元素不能直接修改，但是元组和元组之间是可以进行拼接的，而且元组内的元素也可以进行遍历和检测。

元组的拼接方法和列表的拼接方法一样，即使用"+"或"*"，比如下面这段程序。

```
yuanzu0 = (' 小明 ',' 小红 ')

yuanzu1 = (6,8)

yuanzu2 = yuanzu0 + yuanzu1

yuanzu3 = yuanzu0 * 5

print(yuanzu2)

print(yuanzu3)
```

运行这段程序，看看是不是完成了拼接（如图 6-24 所示）。

```
yuanzu0 = ('小明','小红')
yuanzu1 = (6,8)
yuanzu2 = yuanzu0 + yuanzu1
yuanzu3 = yuanzu0 * 5
print(yuanzu2)
print(yuanzu3)
```
```
('小明', '小红', 6, 8)
('小明', '小红', '小明', '小红', '小明', '小红', '小明', '小红', '小明', '小红')
```

图 6-24 元组的拼接示例

学习了元组的拼接，接下来学习元组的遍历，元组的遍历方法和列表的遍历方法一样，比如下面这段程序。

```
yuanzu0 = (' 小明 ',' 小红 ',' 小刚 ',' 小兰 ')

for n in yuanzu0:

    print(n)

for i,m in enumerate(yuanzu0):

    print(i,m)
```

这段程序中包含两种元组元素遍历方法。一种是不带索引的遍历，一种是带索引的遍历。运行这段程序，结果如图 6-25 所示。

```python
yuanzu0 = ('小明','小红','小刚','小兰')
for n in yuanzu0:
    print(n)
for i,m in enumerate(yuanzu0):
    print(i,m)
```

```
小明
小红
小刚
小兰
0 小明
1 小红
2 小刚
3 小兰
```

图 6-25　元组的两种遍历代码运行示例

元组的元素检测方法也和列表的元素检测方法一样，我们看下面这一段程序。

```python
yuanzu0 = (' 小明 ',' 小红 ',' 小刚 ',' 小兰 ',' 小刚 ')
print(yuanzu0.count(' 小刚 '))
print(yuanzu0.count(' 小红 '))
print(yuanzu0.count(' 小明 '))
```

运行这段程序，结果如图 6-26 所示。

```
yuanzu0 = ('小明','小红','小刚','小兰','小刚')
print(yuanzu0.count('小刚'))
print(yuanzu0.count('小红'))
print(yuanzu0.count('小明'))
```

```
2
1
1
```

图 6-26　元组的元素检测示例

如果元组内的元素都是数字，我们也可以使用 max() 和 min() 来检测最大值和最小值，比如下面这段程序。

```
yuanzu = (4,8,5,11,9,43,22,45,6)
print(max(yuanzu))
print(min(yuanzu))
```

运行这段程序，看看是不是会输出元组中的最大值和最小值（如图 6-27 所示）。

```
yuanzu = (4,8,5,11,9,43,22,45,6)
print(max(yuanzu))
print(min(yuanzu))
```

```
45
4
```

图 6-27　元组的最值检测示例

6.2.4　练一练

下面有 3 道题，请你把对应的代码写出来，并使其能够正常运行。

（1）创建一个元组，把同学的名字当作元素添加到元组里，然后写一段元组的遍历程序。

（2）创建两个元组，一个元组里放入同学的姓名，另一个元组里放入好朋友的姓名，然后把这两个元组进行拼接，在拼接后的新元组里查找哪些名字出现了两次。

（3）创建一个元组，在元组中输入 10 个同学的数学成绩，使用 max() 和 min() 检测出最高分和最低分。

6.3 放菜的仓库：字典

6.3.1 字典的概念

在生活中，当我们遇到不认识的字时，会通过查字典的方式来学习这个字。字典里有非常多的汉字，还有字词的解释。

在 Python 中，有一个叫作"字典"的数据结构，这个"字典"是用来存储数据的，其存储数据的方式和列表、元组不一样，它以键值对的形式存储数据，就像一个两列多行的表格。比如，把蔬菜的品种与价钱用键值对的形式表示（如表 6-1 所示）。

表 6-1　蔬菜的品种与价格键值对表格

key	value
白菜	0.7
黄瓜	2.0
西红柿	3.2
菜花	2.5

在表 6-1 中，有两个单词我们要熟练掌握。一个单词是 key，意思是主键，主键中的元素是不能重复的；另一个单词是 value，意思是值。

字典的键值对结构，就是主键 key 和值 value 相互对应的结构。

6.3.2　字典的创建方式

字典有两种常用的创建方式。第一种直接使用大括号 {}，在括号里面写上 "' 主键 ': 值"，比如用表 6-1 创建一个字典，代码如下。

> zd = {' 白菜 ':0.7,' 黄瓜 ':2.0,' 西红柿 ':3.2,' 菜花 ':2.5}

第二种使用 dict() 创建字典，在 dict() 的小括号里使用大括号 {}，然后在大括号 {} 里写入数据，代码如下。

> zd = dict({' 白菜 ':0.7,' 黄瓜 ':2.0,' 西红柿 ':3.2,' 菜花 ':2.5})

需要注意的是，大括号 {} 里每一项的结构均是 "' 主键 ': 值"，既要包含主键 key，也要包含值 value。

6.3.3　字典的特征

字典有四个主要的特征，即元素无序、元素不可重复、主键 key 不可更改、字典大小可变。

（1）字典里的元素是无序的，如果想在字典中查找元素，可以通过主键 key 查找，而无法通过顺序查找。

（2）字典里的元素是不可以重复的，如果你把两个相同的元素放进字典，字典会自动删除重复的，只留下一个，所以字典内的元素每一个都是独一无二的。

（3）字典里的主键 key 是不能修改的，一旦我们在字典中添加了一个新的键值对，那么这个键值对中的主键 key 就不能再修改了。

（4）字典的大小是可变的，或者说字典的元素容量是可变的，我们可以向字典中不断添加新元素。

6.3.4 字典的创建与添加元素

字典的操作方法和列表非常相似，可以进行修改、访问、添加、删除、检测、遍历等操作。

我们已经学习了如何创建字典，其实除了直接创建字典之外，我们还可以用类似列表和元组相互转换的方法，将列表或者元组转换成字典，使用 dict.fromkeys() 就可以把列表或者元组转换成字典（如图 6-28 所示）。

```
yuanzu0 = ('小明','小红','小刚','小兰')
liebiao = ['小明','小红','小刚','小兰']
zidian0 = dict.fromkeys(yuanzu0)
zidian1 = dict.fromkeys(liebiao)
print(zidian0)
print(zidian1)
```

```
{'小明': None, '小红': None, '小刚': None, '小兰': None}
{'小明': None, '小红': None, '小刚': None, '小兰': None}
```

图 6-28　列表、元组转换成字典示例

在图 6-28 中，可以发现使用 dict.fromkeys() 之后，列表和元组被转变成了字典。列表使用的是中括号，元组使用的是小括号，字典使用的是大括号。除了从括号类型区分数据集种类以外，我们也可以使用 type() 函数来查看种类：返回值是 "list" 表示是列表；返回值是 "tuple" 表示是元组；返回值是 "dict" 则表示是字典（如图 6-29 所示）。

```
yuanzu0 = ('小明','小红','小刚','小兰')
liebiao = ['小明','小红','小刚','小兰']
zidian0 = dict.fromkeys(yuanzu0)
zidian1 = dict.fromkeys(liebiao)
print(type(yuanzu0))
print(type(liebiao))
print(type(zidian0))
print(type(zidian1))
```

```
<class 'tuple'>
<class 'list'>
<class 'dict'>
<class 'dict'>
```

图 6-29　type() 函数使用示例

学会了如何创建字典后，接下来我们学习怎么往字典中添加元素。向字典中添加元素的方法也很简单，只要使用代码"字典名 ['key'] = 'value'"，就可以向字典中添加元素了。

比如，有一个字典"zd = {' 白菜 ':0.7,' 黄瓜 ':2.0,' 西红柿 ':3.2,' 菜花 ':2.5}"，这个字典中存储了一些蔬菜的价格信息，小明在查看后发现没有青椒和土豆的价格信息，所以写了一段代码，把青椒和土豆的价格信息加在了这个字典里，下面是小明写的代码。

```
zd = {' 白菜 ':0.7,' 黄瓜 ':2.0,' 西红柿 ':3.2,' 菜花 ':2.5}
zd[' 青椒 '] = 4.5
print(zd)
zd[' 土豆 '] = 2.3
print(zd)
```

需要注意的是，在"字典名 ['key'] = 'value'"中，如果 key 或者 value 是数字，就不用使用引号了。运行这段代码，看是否成功地把元素添加到字典里了（如图 6-30 所示）。

```
zd = {'白菜':0.7,'黄瓜':2.0,'西红柿':3.2,'菜花':2.5}
zd['青椒'] = 4.5
print(zd)
zd['土豆'] = 2.3
print(zd)
```

```
{'白菜': 0.7, '黄瓜': 2.0, '西红柿': 3.2, '菜花': 2.5, '青椒': 4.5}
{'白菜': 0.7, '黄瓜': 2.0, '西红柿': 3.2, '菜花': 2.5, '青椒': 4.5, '土豆': 2.3}
```

图 6-30　字典添加元素示例

6.3.5　字典元素的修改与删除

在字典中，虽然 key 是不可变的，但是 value 是可以改变的，就像白菜这个名字不能改，但是白菜的价格却是可以改变的。

字典元素的修改方法和添加方法类似，代码格式也一样，我们改下白菜的价格（如图 6-31 所示）。

```
zd = {'白菜':0.7,'黄瓜':2.0,'西红柿':3.2,'菜花':2.5}
zd['白菜'] = 4.5
print(zd)
```

```
{'白菜': 4.5, '黄瓜': 2.0, '西红柿': 3.2, '菜花': 2.5}
```

图 6-31　字典修改元素示例

除了可以向字典中添加元素外，我们还可以删除字典中的元素。删除字典元素的方法有好几种，这里我们学习其中三种常用的方法。

第一种删除元素方法的代码格式是"字典名 .pop('key')"，这种方法利用 key 删除字典中对应元素。小明想删除字典中的白菜，因为卖光了，下面是小明写的代码。

```
zd = {' 白菜 ':0.7,' 黄瓜 ':2.0,' 西红柿 ':3.2,' 菜花 ':2.5}
zd.pop(' 白菜 ')
print(zd)
```

运行这段代码，字典中的白菜信息就会被删除（如图 6-32 所示）。

```
zd = {'白菜':0.7,'黄瓜':2.0,'西红柿':3.2,'菜花':2.5}
zd.pop('白菜')
print(zd)
```

```
{'黄瓜': 2.0, '西红柿': 3.2, '菜花': 2.5}
```

图 6-32 "字典名 .pop('key')" 删除字典元素示例

需要注意的是，如果你要删除的元素在字典中并不存在，运行代码时，系统会报错。比如小明想在原本的字典里删除玉米，下面是小明写的代码。

```
zd = {' 白菜 ':0.7,' 黄瓜 ':2.0,' 西红柿 ':3.2,' 菜花 ':2.5}
zd.pop(' 玉米 ')
print(zd)
```

原本的字典中没有玉米，小明要删除玉米，程序运行时就会报错（如图 6-33 所示）。

```
zd = {'白菜':0.7,'黄瓜':2.0,'西红柿':3.2,'菜花':2.5}
zd.pop('玉米')
print(zd)
-------------------------------------------------------------
KeyError                          Traceback (most recent call last)
Cell In[16], line 2
    1 zd = {'白菜':0.7,'黄瓜':2.0,'西红柿':3.2,'菜花':2.5}
----> 2 zd.pop('玉米')
    3 print(zd)

KeyError: '玉米'
```

图 6-33 删除字典不存在的元素报错示例

第二种删除元素方法的代码格式是 "字典名 .pop('key',None)"。利用这种方法删除元素，如果元素存在，会删除对应元素；如果元素不存在，也不会报错（如图 6-34 所示）。

```
zd = {'白菜':0.7,'黄瓜':2.0,'西红柿':3.2,'菜花':2.5}
zd.pop('玉米',None)
print(zd)
zd.pop('白菜',None)
print(zd)
```

```
{'白菜': 0.7, '黄瓜': 2.0, '西红柿': 3.2, '菜花': 2.5}
{'黄瓜': 2.0, '西红柿': 3.2, '菜花': 2.5}
```

图 6-34　"字典名 .pop('key',None)" 删除字典元素示例

第三种删除元素方法的代码格式是"字典名 .popitem()"，这种方法会默认删除最后添加进字典的元素。小明往字典中新添加几种蔬菜时，发现最后添加的玉米有好多坏的，所以打算把玉米从字典中删除，下面是小明所写的代码。

```
zd = {' 白菜 ':0.7,' 黄瓜 ':2.0,' 西红柿 ':3.2,' 菜花 ':2.5}
zd[' 青椒 '] = 4.5
zd[' 土豆 '] = 2.3
zd[' 玉米 '] = 5.3
print(zd)
zd.popitem()
print(zd)
```

运行这段代码，看看是不是最后添加的玉米被删除了（如图 6-35 所示）。

```
zd = {'白菜':0.7,'黄瓜':2.0,'西红柿':3.2,'菜花':2.5}
zd['青椒'] = 4.5
zd['土豆'] = 2.3
zd['玉米'] = 5.3
print(zd)
zd.popitem()
print(zd)
```

```
{'白菜': 0.7, '黄瓜': 2.0, '西红柿': 3.2, '菜花': 2.5, '青椒': 4.5, '土豆': 2.3, '玉米': 5.3}
{'白菜': 0.7, '黄瓜': 2.0, '西红柿': 3.2, '菜花': 2.5, '青椒': 4.5, '土豆': 2.3}
```

图 6-35 "字典名 .popitem()"删除字典元素示例

如果没有添加新元素，用这个删除方法会删除原字典末位的元素（如图 6-36 所示）。

```
zd = {'白菜':0.7,'黄瓜':2.0,'西红柿':3.2,'菜花':2.5}
zd.popitem()
print(zd)
```

```
{'白菜': 0.7, '黄瓜': 2.0, '西红柿': 3.2}
```

图 6-36 "字典名 .popitem()"删除字典末位元素示例

6.3.6 访问、遍历字典的方法

访问字典元素有特定的方法，这种方法的代码格式是"字典名 .get('key')"，程序会输出 key 所对应的 value。

比如字典"zd = {'白菜':0.7,'黄瓜':2.0,'西红柿':3.2,'菜花':2.5, '土豆': 2.3, ' 玉米 ': 5.3}"，小明想查询菜花的价格，下面是小明所写的代码。

```
zd = {' 白菜 ':0.7,' 黄瓜 ':2.0,' 西红柿 ':3.2,' 菜花 ':2.5, ' 土豆 ': 2.3, ' 玉米 ': 5.3}
zd.get(' 菜花 ')
print(zd.get(' 菜花 '))
```

运行这段代码后，就会输出菜花在字典中对应的价格，即菜花这个主键 key 所对应的值 value（如图 6-37 所示）。

```
zd = {'白菜':0.7,'黄瓜':2.0,'西红柿':3.2,'菜花':2.5, '土豆': 2.3, '玉米': 5.3}
zd.get('菜花')
print(zd.get('菜花'))

2.5
```

图 6-37　访问字典元素示例

对字典进行遍历有多种方法，先介绍用 keys()、values()、items() 这三种函数进行遍历的方法。

keys() 和 values() 这两种函数可以分别把字典中的主键 key 和值 value 用列表的形式输出来，之后我们再用 for in 对输出来的列表进行遍历（如图 6-38 所示）。

```
zd = {'白菜':0.7,'黄瓜':2.0,'西红柿':3.2,'菜花':2.5}
zd.keys()
zd.values()
print(zd.keys())
print(zd.values())

dict_keys(['白菜', '黄瓜', '西红柿', '菜花'])
dict_values([0.7, 2.0, 3.2, 2.5])
```

```
zd = {'白菜':0.7,'黄瓜':2.0,'西红柿':3.2,'菜花':2.5}
for m in zd.keys():
    print(m)

白菜
黄瓜
西红柿
菜花
```

```
zd = {'白菜':0.7,'黄瓜':2.0,'西红柿':3.2,'菜花':2.5}
for n in zd.values():
    print(n)

0.7
2.0
3.2
2.5
```

图 6-38　使用 keys() 函数和 values() 函数遍历字典示例

我们不仅可以把字典变成列表输出来进行遍历，也可以将字典变成元组输出来进行遍历，items() 函数就可以做到这一点。items() 函数可以把字典中的键值对在列表中以元组的形式输出来，然后我们就可以对其进行遍历了（如图 6-39 所示）。

```
zd = {'白菜':0.7,'黄瓜':2.0,'西红柿':3.2,'菜花':2.5}
zd.items()
print(zd.items())
```

```
dict_items([('白菜', 0.7), ('黄瓜', 2.0), ('西红柿', 3.2), ('菜花', 2.5)])
```

```
zd = {'白菜':0.7,'黄瓜':2.0,'西红柿':3.2,'菜花':2.5}
for m,n in zd.items():
    print(m,n)
```

```
白菜 0.7
黄瓜 2.0
西红柿 3.2
菜花 2.5
```

图 6-39 使用 items() 函数遍历字典示例

看到这里，有的小朋友可能会问，有没有什么办法可以不转换字典，直接对字典进行遍历呢？自然是有的。

我们可以使用 for in 对字典进行遍历，可以分别对字典的 key 或者 value 单独进行遍历，或者对两者同时遍历，下面是小明写的代码。

```
zd = {' 白菜 ':0.7,' 黄瓜 ':2.0,' 西红柿 ':3.2,' 菜花 ':2.5}
for n in zd:
    print(n)


zd = {' 白菜 ':0.7,' 黄瓜 ':2.0,' 西红柿 ':3.2,' 菜花 ':2.5}
for n in zd:
    print(zd.get(n))


zd = {' 白菜 ':0.7,' 黄瓜 ':2.0,' 西红柿 ':3.2,' 菜花 ':2.5}
for n in zd:
    print(n,zd.get(n))
```

这三段代码分别对字典的 key、value 和键值对进行了遍历，运行这三段代码会输出不同的结果（如图 6-40 所示）。

```
zd = {'白菜':0.7,'黄瓜':2.0,'西红柿':3.2,'菜花':2.5}
for n in zd:
    print(n)
```

白菜
黄瓜
西红柿
菜花

```
zd = {'白菜':0.7,'黄瓜':2.0,'西红柿':3.2,'菜花':2.5}
for n in zd:
    print(zd.get(n))
```

0.7
2.0
3.2
2.5

```
zd = {'白菜':0.7,'黄瓜':2.0,'西红柿':3.2,'菜花':2.5}
for n in zd:
    print(n,zd.get(n))
```

白菜 0.7
黄瓜 2.0
西红柿 3.2
菜花 2.5

图 6-40 　对字典直接进行遍历示例

6.3.7 　字典元素的检测与清除

字典中的元素可以被检测和清除，我们先来学习字典元素的检测方法。

在字典中，每一个 key 都是独一无二的，要想检测某个元素在不在字典内，只要检测对应的 key 是否在字典内即可。字典的元素检测方法和列表一样，都是用 in、not in 进行检测。

比如，字典"zd = {' 白菜 ':0.7,' 黄瓜 ':2.0,' 西红柿 ':3.2,' 菜花 ':2.5},

小明想检测一下胡萝卜和西红柿有没有在字典里面。为了确保结果正确，小明使用不同的检测方法写了不同的代码，下面是小明写的代码。

```
zd = {' 白菜 ':0.7,' 黄瓜 ':2.0,' 西红柿 ':3.2,' 菜花 ':2.5}
print(' 胡萝卜 ' in zd)
print(' 西红柿 ' in zd)
```

```
zd = {' 白菜 ':0.7,' 黄瓜 ':2.0,' 西红柿 ':3.2,' 菜花 ':2.5}
print(' 胡萝卜 ' not in zd)
print(' 西红柿 ' not in zd)
```

```
zd = {' 白菜 ':0.7,' 黄瓜 ':2.0,' 西红柿 ':3.2,' 菜花 ':2.5}
if ' 胡萝卜 ' in zd:
    print(' 胡萝卜在字典里 ')
else:
    print(' 胡萝卜不在字典里 ')
if ' 西红柿 ' in zd:
    print(' 西红柿在字典里 ')
else:
    print(' 西红柿不在字典里 ')
```

这三段代码都可以检测元素在不在字典中，运行这三段代码，看看能不能成功检测（如图 6-41 所示）。

```
zd = {'白菜':0.7,'黄瓜':2.0,'西红柿':3.2,'菜花':2.5}
print('胡萝卜' in zd)
print('西红柿' in zd)
```

```
False
True
```

```
zd = {'白菜':0.7,'黄瓜':2.0,'西红柿':3.2,'菜花':2.5}
print('胡萝卜' not in zd)
print('西红柿' not in zd)
```

```
True
False
```

```
zd = {'白菜':0.7,'黄瓜':2.0,'西红柿':3.2,'菜花':2.5}
if '胡萝卜' in zd:
    print('胡萝卜在字典里')
else:
    print('胡萝卜不在字典里')
if '西红柿' in zd:
    print('西红柿在字典里')
else:
    print('西红柿不在字典里')
```

```
胡萝卜不在字典里
西红柿在字典里
```

图 6-41 字典元素的检测示例

如果想直接删除字典内的所有元素，就得用到函数 clear()，代码格式为"字典名 .clear()"，字典就会变成一个空字典，不含有任何元素（如图 6-42 所示）。

```
zd = {'白菜':0.7,'黄瓜':2.0,'西红柿':3.2,'菜花':2.5}
zd.clear()
print(zd)
```

```
{}
```

图 6-42 清空字典示例

如果想知道字典中有多少个元素，可以用 len() 函数来实现；如果想对字典内的 key 进行排序，可以用 sorted() 函数（默认升序，不可修改）来实现（如图 6-43 所示）。

```
zd = {'白菜':0.7,'黄瓜':2.0,'西红柿':3.2,'菜花':2.5}
print(len(zd))

4
```

```
zd = {'m':0.7,'g':2.0,'c':3.2,'f':2.5}
print(sorted(zd))
```

```
['c', 'f', 'g', 'm']
```

图 6-43　len() 函数、sorted() 函数使用示例

6.3.8　练一练

下面有 3 道题，请你把对应的代码写出来，并使其能够正常运行。

（1）创建一个字典，把学生的名字作为 key，把学生对应的成绩作为 value，并逐个添加到字典里。

（2）在创建好的字典中，分别遍历学生的名字、成绩，并且同时对两者遍历一遍。

（3）使用相应的函数，查看创建好的字典中一共有多少个元素。

6.4　种类繁多的图书馆：集合

6.4.1　集合的概念

集合与前面学习的列表、元组、字典一样，也是一种存储数据的容器。

等你上了高中，你会学到数学中的"集合"概念，不过这里的集合是编程里的一个概念，和数学中的集合概念有许多不同之处。

集合作为一种存储数据的容器，它的元素和字典元素有点像，集合里的元素也是不可重复的、没有顺序的。

集合的有关操作不仅有元素的检测、添加和删除等，还有集合之间的合集、交集、差集、对称差分等数学操作。下面，我们学习集合的这些操作该怎么实施。

6.4.2　集合的创建方式

通过前面的学习，我们知道了列表用的是中括号 []，元组用的是小括号 ()，字典用的是大括号 {}。

创建一个集合的方法有几种，可以直接在大括号里放入元素，比如 jihe = {' 小明 ',' 小刚 ',' 小紫 '}。不过需要注意的是，这种方法不能创建空的集合，因为空的大括号是空的字典，而不是集合。

如果要创建空的集合，我们需要使用"set()"，代码格式为"jihe = set()"或者"jihe = set({})"，使用"set()"还可以创建带有元素的集合，代码如下。

```
jihe = {' 小明 ',' 小刚 ',' 小紫 '}
jihe = set()
jihe = set({})
jihe = set({' 小明 ',' 小刚 ',' 小紫 '})
```

6.4.3　集合的特征

集合有四个主要的特征，即元素无序，元素不可重复，集合大小可变，可以进行合集、交集等运算。

（1）集合的元素是无序的，如果我们要在集合中查找元素，直接通过元素名字查找即可。

（2）集合里的元素是不可以重复的，如果你在一个集合中放入两个相同的元素，集合会自动删除重复的，只留下一个元素，所以集合内的每一个元素都是独一无二的。

（3）集合的大小是可变的，或者说集合的元素容量是可变的，我们可以向集合中添加、删除元素。

（4）集合可以进行合集、交集、差集等数学运算，这是其他序列所没有的功能。

6.4.4　集合的存储原理（只需了解）

关于集合的存储原理，简单了解就可以了，如果之后要钻研编程，可以再深入学习。

我们拿列表来做个对比，假设一个列表里存放了 10 000 个人名，如果想查找"王小明"这个名字在不在列表里，系统会从列表的首个人名开始查，然后按照从左侧到右侧的顺序，逐个对比人名，直到找到"王小明"为止。

在这 10 000 个人名中查找"王小明"，其之前的每一个人名都需要查询一次。如果"王小明"在列表的前几位还好，查找次数不用太多就会输出结果。如果"王小明"在列表的最后一位，或者说列表中没有"王小明"这个名字，那么就要查找 10 000 次才能输出结果，这会消耗大量的计算机算力，效率太低。

如果把这 10 000 个人名放到集合中，然后再进行查找，速度会快很多。

我们可以把集合想象成一个图书馆，图书馆里有非常多的书籍。这些书籍都按照书的种类进行了分类，相同种类的书籍放在了同一个书架上。如果我们想找小学数学习题，可以先找到教辅类、小学类，然后再找到数学类，这样极大地缩小了查找范围，很快就能找到自己想要的。

同理，集合会按照不同的类别将元素进行分类，集合的分类有个专门的名字——桶（bucket）。如果集合里有 10 000 个名字，我们可以把这些名字按照不同的姓氏，放到不同的桶里，当查找名字"王小明"时，可以先找到"王"姓的桶，然后再继续查找，这样可以极大地提高效率。

集合中有专门的方法对元素进行分类，这种方法叫作 Hash 算法。

其实字典中的每一个 key 相当于一个书架，也就是集合中的桶，所以在字典中查询元素的效率要高于列表。

6.4.5 集合元素的添加与删除

集合元素的添加方法主要有两种，一种是使用"集合名 .add(' 元素 ')"来添加元素。

比如，集合"jihe = {' 小红 ',' 小刚 ',' 小紫 '}"，小明想把小蓝和小强两个人名加进去，下面是小明写的代码。

```
jihe = {' 小红 ',' 小刚 ',' 小紫 '}
jihe.add(' 小蓝 ')
print(jihe)
jihe.add(' 小强 ')
print(jihe)
```

运行这段代码，看看能否成功地把元素添加到集合中（如图 6-44 所示）。

```
jihe = {'小红','小刚','小紫'}
jihe.add('小蓝')
print(jihe)
jihe.add('小强')
print(jihe)
```
```
{'小蓝', '小紫', '小刚', '小红'}
{'小强', '小紫', '小蓝', '小刚', '小红'}
```

图 6-44 "集合名 .add(' 元素 ')" 使用示例

在图 6-44 中，我们添加的元素并没有像列表那样被放在末位，且存放位置没有什么规律，这说明集合中的元素是无序的。

集合的另外一种添加元素方法是"集合名 .update([' 元素 '])"，这种方法可以把列表中的元素添加到集合中。

比如，有一个集合"jihe = {' 小红 ',' 小刚 ',' 小紫 '}"，还有一个列表"stu = [' 小强 ',' 小蓝 ',' 小花 ',' 小红 ']"，小明打算把列表中的元素都放到集合里，下面是小明写的代码。

```
jihe = {' 小红 ',' 小刚 ',' 小紫 '}
jihe.update([' 小强 ',' 小蓝 ',' 小花 ',' 小红 '])
print(jihe)
```

运行这段程序，看能否成功地把列表中的元素添加到集合中（如图

6-45 所示）。

```
jihe = {'小红','小刚','小紫'}
jihe.update(['小强','小蓝','小花','小红'])
print(jihe)
```

{'小强', '小红', '小蓝', '小紫', '小刚', '小花'}

图 6-45 将列表元素添加到集合示例

在图 6-45 中，我们添加的列表中有一个元素是小红，在原集合中也有元素小红，但是最后输出的集合中，只有一个小红，这说明集合中的元素不可重复。

知道了怎么向集合中添加元素，我们再来学习怎样一下删除集合中的元素。

删除集合中的元素，共有两种方法。

第一种方法是使用"集合名 .remove(' 元素 ')"删除相应的元素。需要注意的是，如果要删除的元素在集合中并不存在，系统在运行时就会报错（如图 6-46 所示）。

```
jihe = {'小红','小刚','小紫'}
jihe.remove('小刚')
print(jihe)
```

{'小紫', '小红'}

```
jihe = {'小红','小刚','小紫'}
jihe.remove('小蓝')
print(jihe)
```

```
KeyError                                Traceback (most recent call last)
Cell In[20], line 2
      1 jihe = {'小红','小刚','小紫'}
----> 2 jihe.remove('小蓝')
      3 print(jihe)

KeyError: '小蓝'
```

图 6-46 使用"集合名 .remove(' 元素 ')"删除集合元素示例

第二种方法是使用"集合名 .discard(' 元素 ')"删除相应的元素。如果要删除的元素在集合中并不存在，使用该方法，系统运行时不会报错（如图 6-47 所示）。

```
jihe = {'小红','小刚','小紫'}
jihe.discard('小刚')
print(jihe)
```

{'小紫', '小红'}

```
jihe = {'小红','小刚','小紫'}
jihe.discard('小蓝')
print(jihe)
```

{'小紫', '小刚', '小红'}

图 6-47　使用"集合名 .discard(' 元素 ')"删除集合元素示例

6.4.6　集合的运算

编程中的集合和数学中的集合有着相似的地方。数学中的集合可以进行运算，编程中的集合也可以进行运算，而且有好几种运算方式。

可以通过运算找出两个集合之间不同的元素。只要使用代码"集合 1.difference(集合 2)"，就可以找到在集合 1 中且不在集合 2 中的元素。小明想知道"jihe1 = {2,4,56,76,44}"和"jihe2 = {3,4,76,56,33}"这两个集合中不同元素有哪些，小明编写了如下代码。

```
jihe1 = {2,4,56,76,44}
jihe2 = {3,4,76,56,33}
print(jihe1.difference(jihe2))
```

运行这段程序，就会输出在 jihe1 中且不在 jihe2 中的元素（如图 6-48 所示）。

```
jihe1 = {2,4,56,76,44}
jihe2 = {3,4,76,56,33}
print(jihe1.difference(jihe2))
```

```
{2, 44}
```

图 6-48 "集合 1.difference(集合 2)"使用示例

还可以通过运算找出两个集合之间相同的元素，即找出两个集合的交集。想要实现这一点非常简单，只要使用代码"集合 1.intersection(集合 2)"，就可以得到集合 1 与集合 2 中相同的元素。

比如，"jihe1 = {2,4,56,76,44}"和"jihe2 = {3,4,76,56,33}"，小明想知道两个集合之间相同的元素有哪些，下面是小明写的代码。

```
jihe1 = {2,4,56,76,44}
jihe2 = {3,4,76,56,33}
print(jihe1.intersection(jihe2))
```

运行这段程序，看看能否输出两个集合之间相同的元素（如图 6-49 所示）。

```
jihe1 = {2,4,56,76,44}
jihe2 = {3,4,76,56,33}
print(jihe1.intersection(jihe2))
```

```
{56, 4, 76}
```

图 6-49 "集合 1.intersection(集合 2)"使用示例

有的小朋友可能会问，有没有办法让两个集合合并在一起呢？办法当然是有的。合并之后的集合叫作并集，这里并不是使用符号"+"或者"*"，而是使用代码"集合 1.union(集合 2)"，这样就可以得到集合 1 与集合 2 合并后的新集合了。

比如，现在有"jihe1 = {2,4,56,76,44}"和"jihe2 = {3,4,76,56,33}"，小明想把两个集合合并到一起，下面是小明写的代码。

```
jihe1 = {2,4,56,76,44}
jihe2 = {3,4,76,56,33}
print(jihe1.union(jihe2))
```

需要注意的是，因为集合内的元素具有不可重复性，所以当两个集合合并到一起后，相同的元素只会保留一个（如图6-50所示）。

```
jihe1 = {2,4,56,76,44}
jihe2 = {3,4,76,56,33}
print(jihe1.union(jihe2))

{33, 2, 3, 4, 44, 76, 56}
```

图 6-50　合并集合示例

集合还有两种非常有意思的运算，一种是使用代码"集合1.difference_update(集合 2)"，实现在集合 1 中把在集合 2 中出现过的元素删掉。

比如，有"jihe1 = {2,4,56,76,44}"和"jihe2 = {3,4,76,56,33}"，小明想在集合 1 中删除在集合 2 中出现过的元素，下面是小明写的代码。

```
jihe1 = {2,4,56,76,44}
jihe2 = {3,4,76,56,33}
jihe1.difference_update(jihe2)
print(jihe1)
```

运行这段程序，看看能不能得到想要的结果（如图 6-51 所示）。

```
jihe1 = {2,4,56,76,44}
jihe2 = {3,4,76,56,33}
jihe1.difference_update(jihe2)
print(jihe1)
```

```
{2, 44}
```

图 6-51 "集合 1.difference_update(集合 2)"使用示例

另一种是使用代码"集合 1.intersection_update(集合 2)",实现在集合 1 中把没有在集合 2 中出现过的元素删掉,即得到集合 1 和集合 2 的交集。

比如,有"jihe1 = {2,4,56,76,44}"和"jihe2 = {3,4,76,56,33}",小明想把集合 1 中没有在集合 2 中出现过的元素删掉,下面是小明写的代码。

```
jihe1 = {2,4,56,76,44}
jihe2 = {3,4,76,56,33}
jihe1.intersection_update(jihe2)
print(jihe1)
```

运行这段代码,看看能否得到我们想要的结果(如图 6-52 所示)。

```
jihe1 = {2,4,56,76,44}
jihe2 = {3,4,76,56,33}
jihe1.intersection_update(jihe2)
print(jihe1)
```

```
{56, 4, 76}
```

图 6-52 "集合 1.intersection_update(集合 2)"使用示例

6.4.7 练一练

下面有 3 道题，请你尝试把对应的代码写出来，看看能不能正常运行并得到正确结果。

（1）创建两个集合 setA 和 setB，把若干整数挨个地添加到集合里面。

（2）用创建好的两个集合，分别查看它们的并集与交集。

（3）查看 setA 对 setB 的差集，即找到在 setA 中且不在 setB 中的元素。

7

JupyterLab 使用小技巧

7.1 找到漏洞：debug 功能

7.1.1 debug 的概念

小朋友，你有没有听说过 bug 这个单词？这个单词的意思是虫子，在计算机程序中表示漏洞，debug 的意思是调试。要调试就要先找到漏洞。看到这，相信聪明的你应该猜到这一节我们要学习什么了吧。没错，我们接下来学习该怎么寻找程序的漏洞。

不论你是一名编程的初学者，还是一名编程高手，在写代码的时候都避免不了出错，所以学会找到出错误的代码十分重要。

只要学会了 JupyterLab 的 debug 功能，就可以非常轻松地找到程序中出错的地方。

7.1.2 debug 功能的使用方法

在 JupyterLab 编写代码界面的右上角有一个长得像虫子的标志，这个标志就是 debug 的启动按钮。如果我们要启动 debug 功能，只要点击一下这个"虫子"按钮，稍等几秒钟就可以了（如图 7-1 所示）。

图 7-1　debug 开启位置

启动了 debug 功能之后，这个"虫子"按钮就会变成红色，表明 debug 功能启动成功。同时，你会发现每一行代码前都有了序号。

把鼠标放在要检查的代码前的序号上，鼠标左键点击一下，便可为选中的代码设置断点。当使用 debug 功能调试程序时，代码执行到断点位置时会停止。

接下来以 6×6 的乘法表代码为例，来看看 debug 功能是怎样工作的吧！把断点设置在第一行，然后点击运行，这个时候界面会发生变化（如图 7-2 所示）。

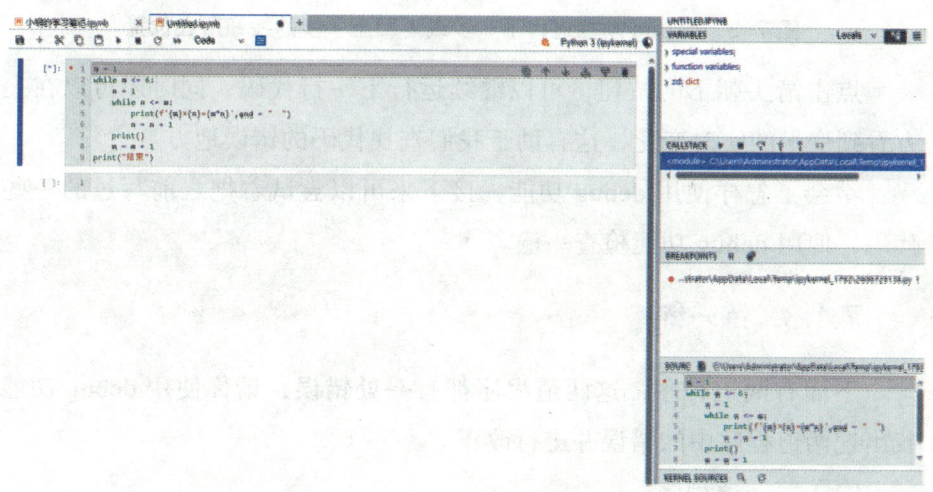

图 7-2　debug 功能运行界面

在图 7-2 中，我们可以发现，在界面的右侧可以看到这段程序，还可以看到此时程序停在哪一行，以及程序运行到断点位置后变量的变化。

我们可以通过右侧的按钮，来控制 debug 功能进行下一步或返回上一步（如图 7-3 所示）。

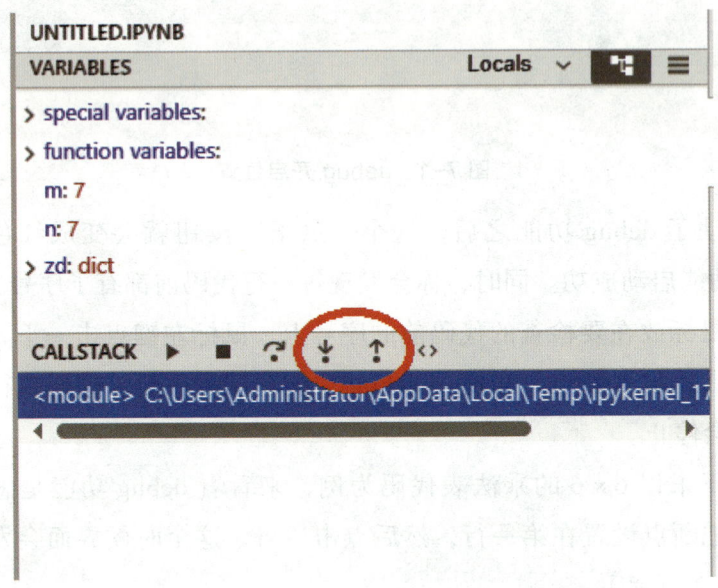

图 7-3　debug 功能进行下一步或返回上一步的按钮所在位置

点击箭头朝下的按钮，可以继续运行下一行代码，同时还可以在上方看到变量的实时变化，这有助于我们查找代码的错误地方。

学会了怎样使用 debug 功能，接下来可以尝试着把之前写过的一些代码，使用 debug 功能检查一遍。

7.1.3　练一练

下面有两道程序，这两道程序都有一处错误，请你使用 debug 功能找出这两道程序中的错误并进行改正。

（1）第一道程序：

```
zd = {' 白菜 ':0.7,' 黄瓜 ':2.0,' 西红柿 ':3.2,' 菜花 ':2.5}
if ' 胡萝卜 ' in zd:
```

```
        print(' 胡萝卜在字典里 ')
    else:
        print(' 胡萝卜不在字典里 )
    if ' 西红柿 ' in zd:
        print(' 西红柿在字典里 ')
    else:
        print(' 西红柿不在字典里 ')
    print(' 结束 ')
```

（2）第二道程序：

```
    while 1:
        name = input(" 请输入想要检测的元素：")
        if name in stu1:
            print(f'{name} 在列表 stu1 中！ ')
        elif name == " 结束 ":
            print(" 已终止程序 ")
            break
        else:
            print(f'{name} 不在列表 stu1 中。')
    print(" 结束 ")
```

7.2　秃头工具：Python Tutor 工具

7.2.1　Python Tutor 工具简介

Python Tutor 是一个非常好用的工具，这个工具可以帮助我们分析代码，把我们写的代码以图形的方式展现出来，使其更直观形象。Tutor 这个单词的读音非常像"秃头"，所以很多程序员都把 Python Tutor 工具称为"秃头工具"。

7.2.2　Tutor 工具使用方法

使用 Python Tutor 工具，需要登录一个专门的网站，在浏览器中搜索"Python Tutor"就可以找到这个网站（如图 7-4 所示）。

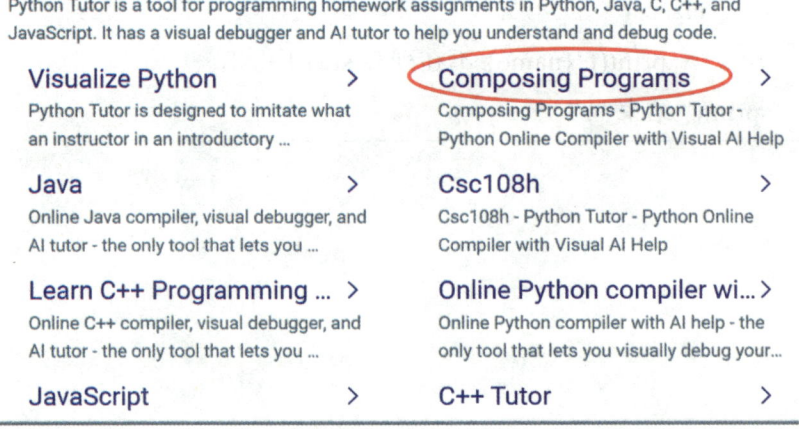

图 7-4　搜索 Python Tutor 工具

在图 7-4 的界面中，我们点开红色圆圈圈住的部分，就可以打开 Python Tutor 工具的界面（如图 7-5 所示）。

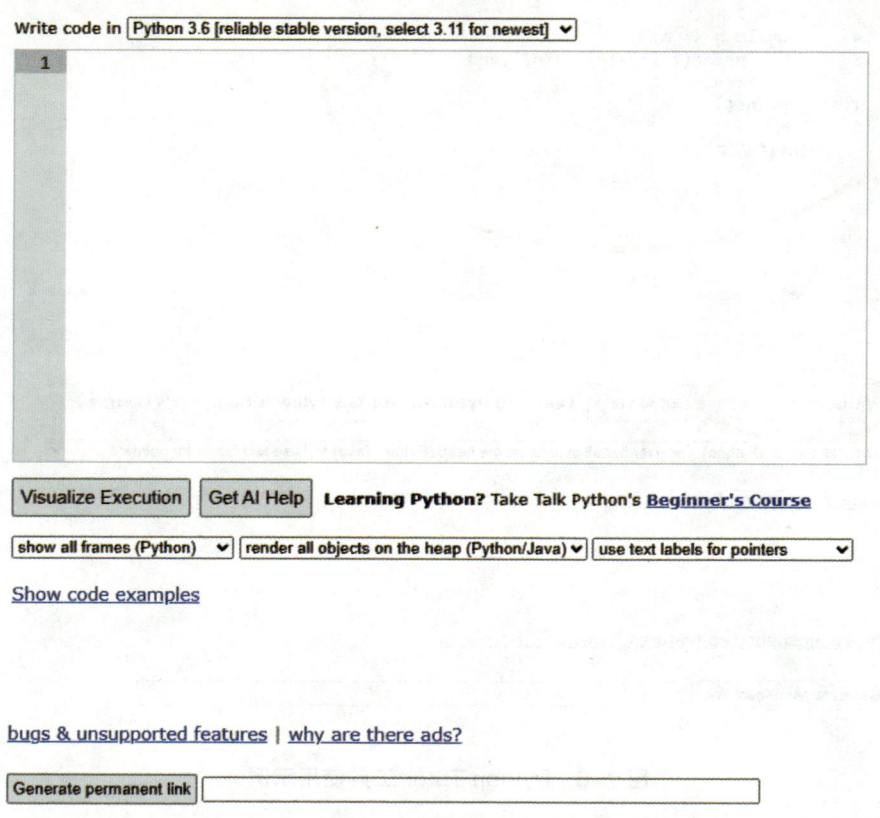

图 7-5 Python Tutor 工具界面

只要我们把程序复制粘贴到大框里，然后运行，就可以使用 Python Tutor 工具对代码进行可视化分析了（如图 7-6 所示）。

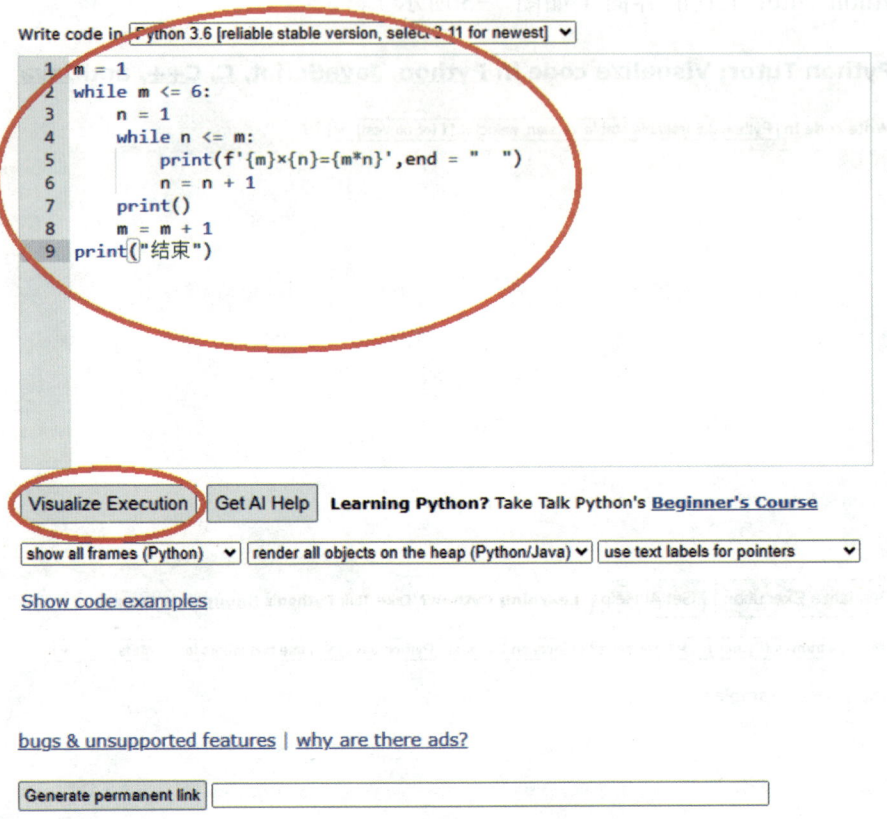

图 7-6　Python Tutor 工具使用示例

　　在图 7-6 中，大的红色圆圈圈住的地方就是放代码的地方，小的红色圆圈圈住的是运行按钮。把代码粘贴过来之后，只要点击这个按钮，Python Tutor 工具就开始分析这道程序了。

　　Python Tutor 工具可以对程序进行逐步分析，而且可以用图形来表示代码运行关系，方便我们对程序进行理解。点击运行按钮，看看运行结果是怎么样的（如图 7-7 所示）。

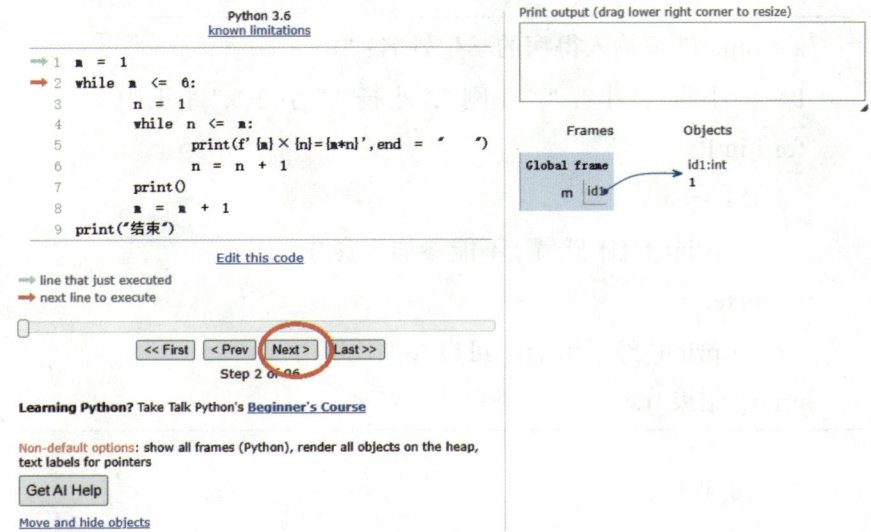

图 7-7　Python Tutor 工具运行结果示例

在图 7-7 中，点击红色圆圈圈住的地方，就可以执行下一行代码。代码的前面有两个不同颜色的箭头，绿色箭头所指的代码是刚刚运行过的代码，红色箭头所指的代码是下一步会执行的代码。在页面的右侧，Python Tutor 工具以图表、文字和箭头的方式非常形象地展现了不同数据之间的关系。

7.2.3　练一练

下面有两道程序，请你把这两道程序放到 Python Tutor 工具中，然后运行，看看每一步对应的图都是怎么样的。

（1）第一道程序：

```
a = input(" 请输入得病的学生姓名 : ")
P = [" 小明 "," 小红 "," 小刚 "," 小杨 "," 小陈 "," 小王 "]
for i in P:
    if i == a:
        print(f'{i} 感冒 , 不能参加比赛 ')
    else:
        print(' 经了解 ,{i} 可以参加比赛 ')
print(' 结束 ')
```

（2）第二道程序：

```
a = input(" 请问你要查找什么颜色的玻璃珠 : ")
P = [" 无色透明 "," 无色透明 "," 无色透明 ",
" 无色透明 "," 蓝色透明 "," 无色透明 "," 无色透明 "]
for i in P:
    if i == a:
        print(f' 已找到 {a} 玻璃珠 ')
        break
    else:
        print(' 没有找到 ')
print(' 结束 ')
```

8

技能练习场

8.1　编写一个钱币转换器程序

8.1.1　故事背景

小明学习了有关钱币的知识后，对不同面额的钱币的转换非常感兴趣。通过查找资料，小明知道了人民币的单位有元、角、分，目前常见的人民币纸币面额有 100 元、50 元、20 元、10 元、5 元、1 元，另外还有 1 元、5 角和 1 角的硬币。1 元等于 10 角，1 角等于 10 分，所以 1 元等于 100 分。

有一天，小明的奶奶拿出 1 张 100 元的纸币交给了小明，并给小明布置了一个任务，她让小明去小卖部把这 100 元换成零钱，要求换成的零钱里面要包括 10 元、1 元和 5 角这三种面额的钱币。小明拿到钱之后并没有着急去小卖部，而是思考这 100 元换的三种面额钱币各有多少张，有多少种组合。

很快，小明便想出了 9 张 10 元、9 张 1 元和 2 枚 5 角这种组合，但是小明想把所有的组合都找出来，这时小明想到了通过编程直接输出所有的组合。

8.1.2　编程思路分析

我们并不确定每种组合中 10 元、1 元和 5 角这三种面额的钱币的数量，所以在程序中肯定会用到循环，而且还得是嵌套循环，只有这样才能输出所有可能的组合。

我们先来分析外循环：1 张 100 元至少要换出 1 张 10 元的，最多换成 10 张 10 元的，所以需要循环 10 次。假设换取的 10 元人民币有 i10 张，可以使用 for i10 in range(1,10) 完成循环。

再来分析内循环：至少需要 1 张 1 元的，100 元最多换出来 100 张 1 元的，不过在外循环已经有了 i10 张 10 元，所以内循环要执行 100 − i10 × 10 次才行。假设换取的 1 元人民币有 i1 张，可以借助 for i1 in range (1,100 − i10 * 10) 完成内循环。

如果把 5 角硬币的数量用 i05 表示，那么用 100 减去 10 元的，再减去 1 元的，剩下的钱除以数字 2 就是 5 角硬币的数量，列出公式应该是 100 − i10 × 10 − i1 = i05 × 0.5，所以 5 角硬币的数量 i05 的等式可以写成 i05 = 200 − i10 × 20 − i1 × 2。

在把思路捋清楚之后，小明写出了下面的代码。

```
for i10 in range(1,10):
    for i1 in range(1,100 − i10 * 10):
        i05 = 200 − i10 * 20 − i1 * 2
        print(f '100 元可以换成 {i10} 张 10 元、{i1} 张 1 元、{i05} 枚 5 角。')
```

运行这段代码，看可不可以正常运行；如果能够正常运行，最终会输出多少种结果（如图 8-1 所示）。

```
for i10 in range(1,10):
    for i1 in range(1,100 - i10 * 10):
        i05 = 200 - i10 * 20 - i1 * 2
        print(f'100元可以换成{i10}张10元、{i1}张1元、{i05}枚5角。')
```

```
100元可以换成1张10元、1张1元、178枚5角。
100元可以换成1张10元、2张1元、176枚5角。
100元可以换成1张10元、3张1元、174枚5角。
100元可以换成1张10元、4张1元、172枚5角。
100元可以换成1张10元、5张1元、170枚5角。
100元可以换成1张10元、6张1元、168枚5角。
100元可以换成1张10元、7张1元、166枚5角。
100元可以换成1张10元、8张1元、164枚5角。
100元可以换成1张10元、9张1元、162枚5角。
100元可以换成1张10元、10张1元、160枚5角。
100元可以换成1张10元、11张1元、158枚5角。
100元可以换成1张10元、12张1元、156枚5角。
100元可以换成1张10元、13张1元、154枚5角。
100元可以换成1张10元、14张1元、152枚5角。
100元可以换成1张10元、15张1元、150枚5角。
100元可以换成1张10元、16张1元、148枚5角。
100元可以换成1张10元、17张1元、146枚5角。
100元可以换成1张10元、18张1元、144枚5角。
100元可以换成1张10元、19张1元、142枚5角。
100元可以换成1张10元、20张1元、140枚5角。
100元可以换成1张10元、21张1元、138枚5角。
100元可以换成1张10元、22张1元、136枚5角。
100元可以换成1张10元、23张1元、134枚5角。
100元可以换成1张10元、24张1元、132枚5角。
100元可以换成1张10元、25张1元、130枚5角。
100元可以换成1张10元、26张1元、128枚5角。
```

图 8-1 钱币转换器代码运行示例

代码运行之后，输出了非常多种组合。如果让我们自己手动在纸上把这些组合写出来，不说能不能写全，就算能写全也得花费大量的时间。利用编程，只需要短短的几秒就能把上千种可能组合展现出来。

学好了编程，对于一些常见的类似问题，都可以使用编程来快速解决，这样可以大大提高我们的工作效率。

比如，鸡兔同笼问题，已知鸡和兔同在一个笼中，这个笼子被遮住了，我们只知道鸡和兔子一共有 45 只，一共有 156 只脚，那么你有没有办法在不打开笼子的情况下，算出鸡和兔子各有多少只呢？

　　我们可以使用编程来解决这个问题。既然不知道鸡和兔子各有多少只，那我们就令鸡有 m 只，那么 m 可能是 1 只，也可能是 44 只，所以使用循环的话可以用 for m in range(1,45)，现在知道了鸡的数量是 m 只，因为一共是 45 只，所以有 45 − m 只兔子。

　　兔子的脚加上鸡的脚一共是 156 只，一只鸡有 2 只脚，一只兔子有 4 只脚，列成式子就是 m × 2 + (45 − m) × 4 = 156，所以可以写出如下代码。

```
for m in range(1,45):
    n = 45 – m
    jiao = m * 2 + n *4
    if jiao == 156:
        print(f' 笼子里共有 {m} 只鸡 ,{n} 只兔子 ')
print(' 结束 ')
```

　　运行这段代码，就可以知道笼子里到底有多少只鸡、多少只兔子（如图 8-2 所示）。

```
for m in range(1,45):
    n = 45 - m
    jiao = m * 2 + n *4
    if jiao == 156:
        print(f'笼子里共有{m}只鸡，{n}只兔子')
print('结束')
```

笼子里共有12只鸡，33只兔子
结束

图 8-2　解决鸡兔同笼问题的代码运行示例

8.1.3　练一练

下面有 3 道类似鸡兔同笼的问题，请你把对应的解题代码写出来，使其能够正常运行，并得到正确结果。

（1）小明的班级准备买活页本和日记本共 32 本，共花了 74 元。其中活页本每本 1.9 元，日记本每本 3.1 元。请问：班级里买了活页本和日记本各多少本？

（2）小红家里养了不少兔子和小鸡，兔子和小鸡一共有 15 只，一共有 46 只脚。请问：小红家的兔子和小鸡各有多少只？

（3）从前有座山，山上有座庙，庙里有 100 个和尚，这些和尚里面既有大和尚，也有小和尚，中午吃饭时，100 个和尚一共吃了 140 个馒头，1 个大和尚吃 3 个馒头，2 个小和尚分 1 个馒头。请问：大和尚、小和尚分别有多少人？

8.2　用 Python 画出各种图形

8.2.1　画一个正方形

在 1.2 中，我们学习了如何用 Python 画圆，我们接下来学习如何用 Python 画出一个正方形。

如果你在一张白纸上画出一个正方形，一共需要几步呢？第一步是准备好一盒笔；第二步是从盒中拿出一支笔；第三步是画一条线，假设线的长度是 100mm；第四步就是让画线方向转动 90°；之后重复画线、方向转 90°，直至作画结束。

在编程中，画出一个正方形的步骤是一样的。第一步是准备一盒笔，体现在编程中就是"import turtle"；第二步是拿出一支笔，体现在编程中就是"my_huabi = turtle.Pen()"；第三步是画出一条长为 100 的线，体现在编程中就是"my_huabi.forward(100)"；第四步是让画线方向转动 90°，体现在编程中就是"my_huabi.right(90)"；接下来重复以上步骤，直至作画结束，体现在编程中就是"turtle.done()"。下面是对应的代码。

```
import turtle
my_huabi = turtle.Pen()
my_huabi.forward(100)
my_huabi.right(90)
my_huabi.forward(100)
my_huabi.right(90)
my_huabi.forward(100)
my_huabi.right(90)
my_huabi.forward(100)
my_huabi.right(90)
turtle.done()
```

在这段代码中，forward() 函数括号中的数字代表的是移动的距离。它的单位与我们日常所使用的厘米、毫米不同，在编程中，距离单位一般用的是"像素"。像素是显示器所能显示的最小单位，比如一台显示器的分辨率是 1920×1080，意思是它的宽度是 1920 像素，高度是 1080 像素。因此，my_huabi.forward(100) 会让画笔笔尖沿着当前朝向，在画布上移动 100 像素的距离。运行这段代码，就可以得到一个正方形（如图 8-3 所示）。

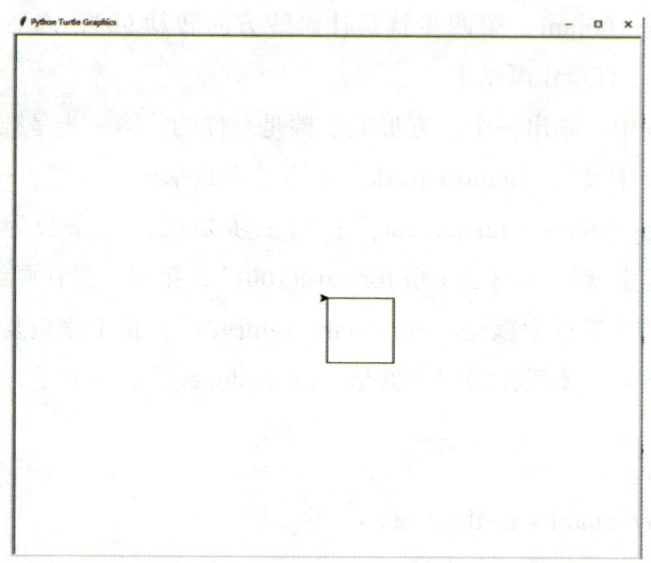

图 8-3　画正方形程序运行示例

在程序运行之后，Python 是在瞬间完成绘图的，所以绘图过程我们看不到。如果想看绘图过程，我们可以在每画完一条线后，让程序停顿一段时间再画下一条线，这个时候就得使用 import time 引入时间模块，下面是对应代码。

```
import turtle
import time
my_huabi = turtle.Pen()
time.sleep(3)
my_huabi.forward(100)
my_huabi.right(90)
time.sleep(3)
my_huabi.forward(100)
```

```
my_huabi.right(90)

time.sleep(3)

my_huabi.forward(100)

my_huabi.right(90)

time.sleep(3)

my_huabi.forward(100)

my_huabi.right(90)

turtle.done()
```

有了 3 秒的停顿，我们就可以看到绘制的过程了。

8.2.2　画一个五角星

在学会了画正方形之后，我们试着画一个五角星。现在请你准备一张白纸，自己先用笔在白纸上画出一个五角星，看看绘制过程可以分为哪几步。

因为一个圆是 360°，五角星相当于把一个圆分为了 5 份，所以每一份都是 72°。我们先试着把画正方形的代码中的 90° 改为 72°，然后多循环一次。下面是改完后的代码。

```
import turtle

import time

my_huabi = turtle.Pen()

time.sleep(3)

my_huabi.forward(100)

my_huabi.right(72)

time.sleep(3)

my_huabi.forward(100)

my_huabi.right(72)
```

```
time.sleep(3)
my_huabi.forward(100)
my_huabi.right(72)
time.sleep(3)
my_huabi.forward(100)
my_huabi.right(72)
time.sleep(3)
my_huabi.forward(100)
turtle.done()
```

运行这段代码，得到的不是五角星，而是五边形（如图 8-4 所示）。

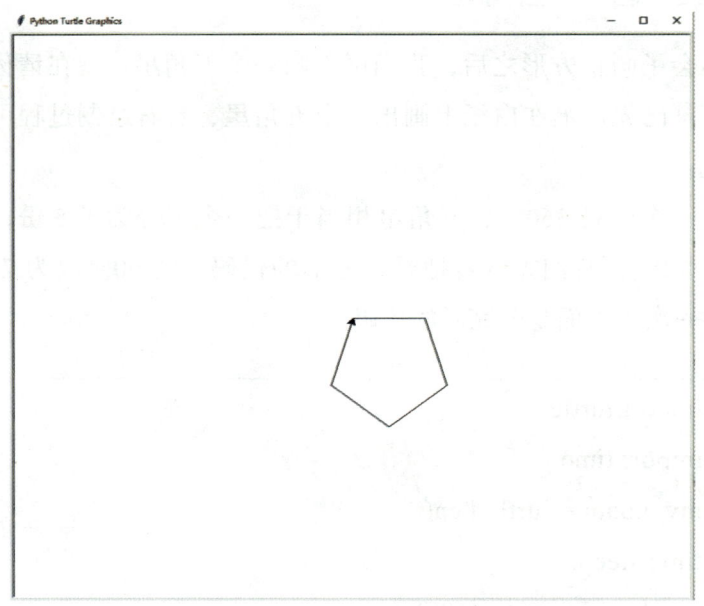

图 8-4　画五边形程序运行示例

这是因为旋转 72° 后所画的线与上一条线的夹角实际上呈 108°，而五角星每个角的度数为 36°，因此我们只需要把 72° 改成 144° 就可以了。同时我们也可以把线的长度加长一些，比如改成 200 像素，这样画出来的图案更大，下面是改过之后的代码。

```
import turtle
import time
my_huabi = turtle.Pen()
time.sleep(3)
my_huabi.forward(200)
my_huabi.right(144)
time.sleep(3)
my_huabi.forward(200)
my_huabi.right(144)
time.sleep(3)
my_huabi.forward(200)
my_huabi.right(144)
time.sleep(3)
my_huabi.forward(200)
my_huabi.right(144)
time.sleep(3)
my_huabi.forward(200)
turtle.done()
```

接下来运行这段代码，看看效果怎么样（如图 8-5 所示）。

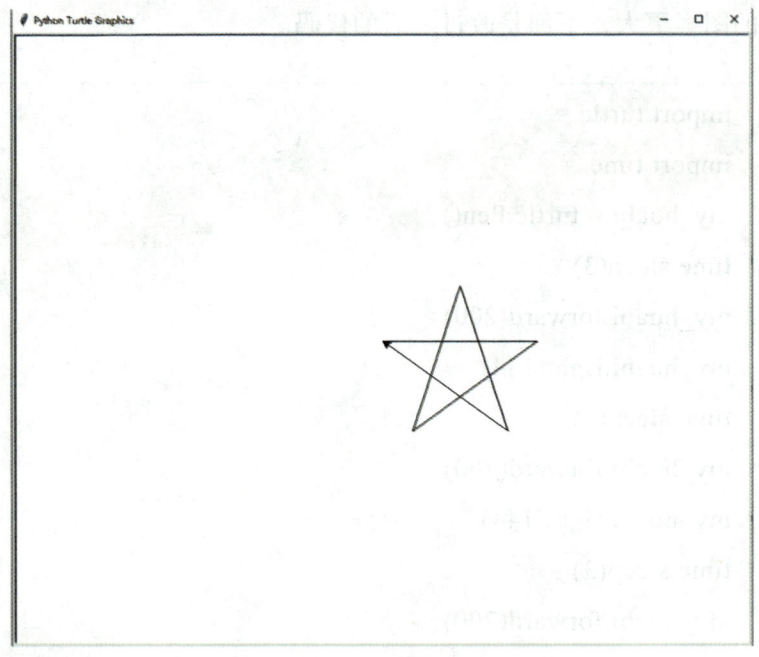

图 8-5　画五角星程序运行示例

8.2.3　练一练

下面有两道绘制图形的问题，请你把对应的解题代码写出来，使其能够正常运行，并得到正确结果。

（1）绘制一个等边三角形（等边三角形的每一个角都是 60°），要求三角形的边长为 230 像素。

（2）绘制一个六芒星图案。